早安宝贝

缤纷早餐72变

陈蓉 编著

学林出版社
www.xuelinpress.com

作者简介 陈蓉

陈蓉，网名巧花鼠，资深主妇，"煮"龄十年，曾任外企行政高管，现为自由撰稿人。爱烘焙，爱烹饪，爱芭蕾，热爱生活中一切美好的事物。热衷于钻研厨艺，制作各色中西美食。本书与其说是一本早餐菜谱，不如说是作者对生活、对孩子成长过程的记录，对花样美好生活的追求。希望这本书成为孩子们的点菜单，爸爸妈妈们的好帮手；更希望读者手中的每一张书页，都变得"油渍斑斑"。

篇首语

　　总觉得餐桌应该是一个家最最温暖的地方了，家人团团围坐在一起，食物热气腾腾、香气四溢的，大家说着笑着一起吃好多好多顿饭。我们把彼此对每一样食物的喜好默默地留在心里，也把爱留在了心底。而那些年餐桌上的一杯一碟、一羹一饭、一嗔一笑，会成为我们一生中最美好的记忆。

　　所以，我们是那样地喜欢做饭，用心去做，日日月月，岁岁年年，喜乐无限。多少个披星戴月的清晨，六点的闹铃唤醒睡眼惺忪的我们，匆匆忙忙洗漱，甚至来不及换下睡衣，便一头扎进厨房开启一天的炊事旅程，辛劳在热气腾腾、鲜香四溢的灶台和锅碗瓢盆的交响乐中化作丝丝甜蜜，日复一日、年复一年，我们毫无怨言。其实，能够为孩子做早餐的日子真的很短，用早起辛劳的代价换取孩子健康的生活方式和强健的体魄更是物超所值。但愿孩子们长大成人时，记忆里的母亲尽是暖暖的幸福的味道。

　　本书编辑的早餐菜谱的入选原则是天然健康，有干有湿，咸甜兼备，冷热搭配。保证每餐必有蛋白质、碳水化合物和蔬菜水果。书中推荐了 72 道各色早餐搭配以及详细的制作方法，更有省时省力小诀窍。本书的每一张图片，都是在为宝贝准备早餐时当场拍下的，收编成册，既作为美好的回忆，也和亲爱的朋友们分享。

陈蓉

目录
Contents

本书中的计量单位:

一大勺：是指汤匙，约为液体 15 毫升，固体 15 克。
一小勺：是指茶匙，约为液体 5 毫升，固体 5 克。
一锅铲：是指炒菜用的锅铲，约为液体 20 毫升。
一小碗：250 毫升左右。
一大碗：650 毫升左右。
一　杯：250 毫升左右。

本书中常用的调味料:

乌冬面调味汁

冰糖

卤水汁

寿司醋

橄榄油

生抽

白胡椒粉

糟卤

老抽

花生酱 / 芝麻酱

苹果醋

荞麦面调味汁

辣椒油

韩国拌饭酱

香醋

鱼露

黄油 / 淡奶油 / 炼乳

黑胡椒粉

Day 1:

麻酱手擀面 +
胡萝卜玉米猪骨汤 +
烤蘑菇

麻酱手擀面

材料（1 碗）

(1) 食材：手擀面一把。

(2) 调料：芝麻酱一小勺，花生酱两小勺，生抽两小勺，醋一小勺，辣油一小勺，麻油一小勺，葱花适量。

做法

1. 芝麻酱、花生酱、生抽、醋加一小勺温水混合在一起拌匀，制成麻酱调味汁。
2. 手擀面放入沸水中煮熟后捞起，沥干水分，淋麻油拌匀。
3. 在煮好的手擀面上淋上做好的麻酱调味汁和辣油，撒葱花，食用时拌匀即可。

技高一筹

　　手擀面可以买现成的，也可以自己做。在200克中筋面粉中加入90克水、1克盐，用面包机揉成均匀的面团。然后擀成薄圆片，撒上干面粉，折叠起来，切成条状后撒干面粉拨散即可。

胡萝卜玉米猪骨汤

材料（5碗）

(1) 食材：猪筒骨一根，玉米一个，胡萝卜两根，火腿两片。
(2) 调料：姜一片，黄酒两大勺，盐适量。

做法

1. 猪筒骨洗净后放入一大锅冷水中，大火煮沸5分钟后倒去血水，洗净猪骨上的浮沫。
2. 汤锅里水加满，放入筒骨、姜、黄酒、火腿，大火煮沸后改中小火炖2小时至汤浓色白。
3. 玉米洗净切大块，胡萝卜切大块，放入骨汤中炖30分钟。
4. 食用时根据口味撒盐调味。

烤蘑菇

材料

(1) 食材：蘑菇10个。
(2) 调料：盐适量，橄榄油少许。

做法

蘑菇摘去根，撒适量的盐，表面抹少许橄榄油，放在烤箱里用200度温度烤20分钟即可。

Day 2:
黄金拉面＋
芝士小蛋糕

黄金拉面

材料

（一）拉面（2 碗）
(1) 食材：香菇两朵，干木耳丝一小把，甜玉米粒一大勺，卷心菜叶两大片，豆芽一小把，海苔四片，鱼板四片，叉烧四片，卤蛋一个，猪骨汤或牛骨汤两大碗，日式拉面两把。
(2) 调料：拉面酱料包两包，盐适量。

（二）卤蛋（3 个）
(1) 食材：鸡蛋 3 个。
(2) 调料：卤水汁一大勺，老抽一小勺，冰糖一小勺。

做法
1. 卤蛋：鸡蛋煮熟后在冷水中浸一会儿（易剥壳），剥去外壳，加一杯水，卤水汁，老抽，冰糖，用小火煮至酱汁收干，卤蛋上色。冷却后一切二。
2. 脆干木耳丝浸泡半小时后洗净待用。香菇从中间划四刀切出花芯。
3. 牛骨汤煮滚后放入拉面酱料包和适量盐调味。
4. 煮一锅开水，依次把木耳丝、卷心菜、香菇、豆芽、甜玉米、鱼板烫熟，捞起待用。（注意木耳丝需要多煮几分钟）
5. 拉面煮熟捞起，放入大碗中，淋上煮好的牛骨汤，依次码放木耳丝、豆芽、卷心菜、甜玉米、香菇、鱼板、海苔、叉烧和卤蛋。

芝士小蛋糕

材料（12 个）
黄油 60 克，奶油奶酪 60 克，糖 45 克，鸡蛋一个，淡奶油 60 克，低筋面粉 75 克。

做法
1. 黄油软化，用电动打蛋机加糖打发成羽毛状。
2. 加入软化的奶油奶酪打匀。
3. 加入鸡蛋液打匀。
4. 筛入低筋面粉和淡奶油，用硅胶搅拌刀拌匀。
5. 把面糊放入裱花袋或厚实的食品保鲜袋，顶部剪一刀开口，挤入模具中至八分满。
6. 烤箱预热 180 度，放在中层烤约 20 分钟。

早安宝贝

Day 3:

南瓜小米粥 +
煎饺 + 炝炒茄子

南瓜小米粥

材料

小米一杯，南瓜 250 克，食用油一小勺。

做法

1. 小米浸泡一夜。

2. 锅里加两大碗清水，用大火煮沸后放入小米，淋食用油，然后改用中大火开盖煮 20 分钟。

3. 放入南瓜块，继续煮大约 10 分钟左右，至黏稠即可。

煎饺

材料

（一）馅料
(1) 食材：肉末两大勺，鸡蛋一个，娃娃菜一棵。
(2) 调料：黄酒一大勺，生抽一大勺，香葱适量，麻油一小勺，盐一小勺。

（二）饺皮
中筋面粉 200 克，沸水 50 毫升，冷水 70 毫升，食用油 5 克，白芝麻一把。

做法
1. 肉末加黄酒、生抽、鸡蛋、香葱搅打至上劲。
2. 娃娃菜切细丝，撒盐腌制约二十分钟，然后挤干水分。
3. 加麻油，把娃娃菜和搅好的肉酱拌匀，饺子馅完成。
4. 沸水 50 毫升用绕圈方式倒入中筋面粉中，搅拌成松散的面团。然后加入冷水，食用油，揉至面团不黏手。盖保鲜膜静置 15 分钟。
5. 把面团平均分成若干个小剂子，擀成薄圆片，包入馅料。
6. 平底不粘锅烧热后倒入一大勺油，放入饺子，然后加一杯水，加盖用大火焖烧至锅内留少许汁水。
7. 撒一把白芝麻，加盖继续烧至汁水收干，饺子呈金黄色，出锅装盘。

炝炒茄子

材料
(1) 食材：长茄两根，干红辣椒一个。
(2) 调料：葱姜蒜适量，盐一小勺，黄酒一大勺，生抽一大勺，醋一小勺，糖一小勺，油一大勺。

做法
1. 茄子切滚刀块，加盐腌制 15 分钟，然后洗去所有盐分，挤干。
2. 锅内倒油，放入蒜末、姜末、葱白、一个切细的干红辣椒煸出香味，然后倒入茄子继续翻炒。加入黄酒、生抽、醋、糖、半杯水加盖焖烧几分钟。
3. 汁水收干后撒葱花装盘。

早安宝贝

Day 4：

笋干菜肉包＋
白灼生菜＋绿豆粥＋
白煮鸽子蛋

笋干菜肉包

材料（16 个）

(1) 食材：笋干菜半斤，猪五花肉一斤。
(2) 调料：黄酒两大勺，八角一个，老抽四大勺（可根据各人口味调整），糖四小勺（大约 18 克）。
(3) 馒头自发粉 300 克，清水 150 毫升，干酵母 3 克，食用油 10 克。

做法

（一）笋干菜烧肉

1. 笋干菜洗净，浸泡两小时后挤干水分待用。
2. 猪五花肉切成一厘米见方的小丁。锅内放一大勺食用油，烧热后放入猪五花肉丁煸炒，炒至肉变色时改小火（可以盖上盖子防溅油），直至肉变成金黄色，锅内熬出大量的猪油为止。
3. 放入笋干菜一起煸炒，加黄酒、八角、老抽、糖，加水至没过所有食材两厘米。
4. 用中小火把笋干菜烧肉煮透煮酥，直至锅内的水收干（大约一小时左右），挑去里面的八角，放凉待用。

（二）肉包

1. 馒头自发粉加清水，和干酵母、食用油一起放入面包机，启动和面程序，和成一个均匀的面团。

2．面团留在面包机内静置 15 分钟后取出。把面团滚圆，然后用压面机把面团反复延压（约三次）。如果没有压面机，也可用擀面杖反复擀压，尽量将面团内的气泡擀出。

3．把压好的面团滚圆，分割成 16 等份，把每份面团滚圆，盖上保鲜膜静置 10 分钟。

4．用擀面杖把小面团擀成薄圆片，包入笋干菜烧肉馅料，整形收口。

5．包好的包子放在蒸笼内，底部铺防粘油纸或者湿布。进行最后发酵约 45 分钟至一小时。

6．冷水起蒸，先用小火蒸 5 分钟，然后改大火蒸 10 分钟，最后再用小火蒸 5 分钟，蒸完立即关火，不要打开蒸笼盖子(否则包子容易塌陷起皱皮)，等 10 分钟，稍稍冷却后再开盖。

小贴士

　　包子可以一次多做一些，放进冰箱冷冻，吃的时候取出用大火蒸 15 分钟即可。

白灼生菜

材料

(1) 食材：生菜一棵。

(2) 调料：麻油一小勺，生抽一小勺，糖一丁点，高汤或清水一小勺。

做法

1．麻油、生抽、糖、高汤或者清水拌匀。

2．水烧开，倒入洗净的生菜，烫约 30 秒，立刻捞出，沥净水分装盘。

3．淋上做法 1 调好的酱汁即可。

小贴士

　　大多数蔬菜都可以用这个清淡少油的方法烹制。在接下去的早餐中凡是白灼的蔬菜，都是用的这个方法，就不一一赘述了。

绿豆粥 + 白煮鸽子蛋

白煮鸽子蛋：做法见 Day41。

绿豆粥：做法略。

Day 5:

玉米糊糊粥 +
生煎包 + 牛油果
芦笋鸡蛋沙拉

玉 米 糊 糊 粥

材料
玉米面一大勺，白米一杯。

做法
玉米面用三大勺冷水调匀，加入已经煮至黏稠的白米粥中继续煮滚 5 分钟即可。

生 煎 包

材料
（一）肉馅
(1) 食材：猪五花肉半斤，生鸡蛋一个，肉皮冻适量。
(2) 调料：黄酒一大勺，生抽一大勺，盐一小勺，生粉一小勺，葱花适量，麻油一小勺。

（二）面皮

馒头自发粉 200 克，水 100 毫升，糖 10 克，食用油一小勺，白芝麻一把。

做法

1. 猪五花肉切成肉末，加黄酒、生抽、盐、生粉、葱花、麻油、生鸡蛋一个搅至上劲，搅打过程中分两次加入一大勺清水。
2. 肉皮冻切成小块加入肉末中拌匀，馅料完成。
3. 酵母和水混合均匀后静置 5 分钟，倒入面粉中，加入食用油，用面包机和成均匀的面团。
4. 面团不用发酵，立刻取出，滚圆后分割成一个个小剂子，盖保鲜膜静置 10 分钟。

5. 把一个个小剂子擀成薄圆片，包入馅料，收口。包好的包子在室温下静置 20 分钟进行最后发酵。
6. 平底不粘锅放入一大勺油烧热，放入包好的包子，加一杯水，

盖上锅盖，用中大火焖烧至锅内留少许汁水，撒一把白芝麻，继续加盖烧至汁水收干。

7. 盖着锅盖转动或晃动几下锅子，使里面的生煎包受热均匀。出锅前撒一把香葱即可。

技高一筹

自制肉皮冻

　　用 10 个鸡爪加水煮一小时至汁水浓白黏稠，锅内余半小碗约 100 毫升，倒出汤汁冷却后放冰箱冷藏一小时结成厚冻即可，也可以用猪爪同法烹制。

牛油果芦笋鸡蛋沙拉

材料

(1) 食材：鸡蛋一个，芦笋五根，牛油果一个，迷你番茄六个。
(2) 调料：橄榄油一小勺，黑醋或苹果醋几滴，盐、黑胡椒粉适量。

做法

1. 鸡蛋带壳煮熟。剥去鸡蛋壳，把蛋切成八小块。
2. 芦笋洗净切段。水烧开以后把芦笋倒进锅里，开盖煮滚一分钟。捞出芦笋在冷开水里面浸泡一下后取出沥干。
3. 牛油果切块，迷你番茄一切二。
4. 拿一个大碗，把鸡蛋、牛油果、芦笋、番茄混合在一起。用橄榄油、盐、黑胡椒粉、苹果醋混合拌匀做成浇汁淋在沙拉上略拌即可。

Day 6:
西班牙火腿蔬菜沙拉配
莫札雷拉干酪＋
煎肉肠＋蜂蜜松饼

西班牙火腿蔬菜沙拉配
莫札雷拉干酪

材料（1人份）

(1) 食材：西班牙火腿两片，生菜叶两片，芝麻菜一小把，迷你小番茄三个，新鲜莫札雷拉干酪适量。

(2) 调料：橄榄油一大勺，胡椒碎适量，盐适量。

做法

1. 西班牙火腿、生菜、芝麻菜、小番茄、新鲜莫札雷拉干酪码放在餐盘中。

2. 橄榄油、胡椒碎和盐调成浇汁，淋在沙拉上，食用时拌匀即可。

煎肉肠

材料

市售生牛肉肠一根。

做法

肉肠化冻后放入平底不粘锅中，淋一小勺油，用小火煎至两面金黄即可。

早安宝贝

蜂蜜松饼

材料（8个）

松饼预拌粉150克，鸡蛋两个，牛奶100毫升，黄油20克。

做法

1. 鸡蛋黄两个和牛奶混合在一起，用手动蛋抽搅拌均匀。筛入松饼粉，拌匀成蛋黄糊。

2. 鸡蛋清两个用电动打蛋器打发成不流动的蛋白霜。

3. 混合拌匀蛋白霜和蛋黄面糊。

4. 平底锅里放一点黄油，烧融化后放入松饼面糊煎至两面金黄。食用前淋上蜂蜜即可。

Day 7:
桂花酒酿
黑芝麻汤团 +
京东肉饼 +
松子菠菜

桂花酒酿黑芝麻汤团

材料

黑芝麻汤圆五个，鸡蛋一个，甜酒酿一大勺，糖桂花酱一大勺。

做法

1. 小锅内烧半锅开水，煮滚后下汤圆，放甜酒酿、糖桂花，用小火继续煮至汤圆体积膨胀，浮在水面上。
2. 鸡蛋打散，慢慢倒入锅内，边倒边用筷子把蛋液拨散，等蛋液凝固熄火即可。

京东肉饼

材料

（一）肉馅

(1) 食材：猪肉糜半斤。
(2) 调料：黄酒一大勺，生抽一大勺，生粉一小勺，葱花适量。

（二）饼皮

中筋面粉 200 克，温水 100 毫升，盐 1 克，食用油 10 克。

做法

1．肉末加黄酒，葱花，生抽，生粉，搅至上劲。
2．中筋面粉加温水和盐、食用油和成均匀的面团，然后把面团擀成一个大圆片。
3．按照图示①－④的步骤铺肉馅，折叠面皮。
4．在平底锅中倒入少许油，放入折叠好的肉饼，用小火把肉饼慢慢煎熟、煎透至两面金黄。
5．切开肉饼，装盘即可。

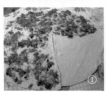

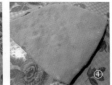

松子菠菜

材料

(1) 食材：菠菜 150 克，熟松子一把，熟白芝麻一把。
(2) 调料：麻油一小勺，鱼露一小勺，糖少许。

做法

1．菠菜洗净，在煮沸的水中焯半分钟，捞出冲凉水沥干。
2．用小火把锅烧至微热后倒入麻油，放熟松子略炒，然后放入菠菜，改大火翻炒，加鱼露和糖调味，撒熟白芝麻，再翻炒几下出锅装盘。

早安宝贝

Day 8:
排骨年糕 +
咖喱牛肉汤

排骨年糕

材料

（一）炸猪排

(1) 食材：猪排三块，生鸡蛋一个。

(2) 调料：黄酒一大勺，生抽一大勺，生粉一大勺，面粉两大勺，盐一丁点。

（二）年糕

(1) 食材：年糕两大片。

(2) 调料：生抽一小勺，老抽一小勺，糖一小勺，醋一小勺，高汤两大勺。

做法

1. 炸猪排。猪排洗净沥干，用刀背拍松。加黄酒一大勺，生抽一大勺，生粉一大勺，生鸡蛋腌制一小时。另用一个小盆，放面粉，水适量，盐一丁点，调成可流动的稀面糊。把腌好的猪排放在面糊里面蘸一下，放在热油锅里面炸至金黄即可。

2. 水煮至沸腾，放入年糕煮几分钟至软熟，捞出沥净水分。

3. 不粘锅内放一大勺油烧热，放入煮熟的年糕，立刻加生抽一小勺，老抽一小勺，糖一小勺，醋一小勺，淋入两大勺高汤，继续煮至锅内剩少许汁水，出锅装盘。

咖喱牛肉汤

材料

(1) 食材：牛腱子一块，香菜一小把。

(2) 调料：生姜两片，黄酒一大勺，咖喱粉一大勺，盐适量，葱花适量。

做法

1. 牛腱子放入冷水中，加姜和黄酒，用大火煮至沸腾五分钟，倒去血水，洗净牛肉上的浮沫。

2. 在洗净的锅子里倒入一锅清水，放入已焯水洗净的牛腱，大火煮沸后改用中火炖，直至筷子可以轻松地插入牛肉中（约一个多小时）。

3. 牛腱子冷却后切成薄片。

4. 牛肉清汤里面放咖喱粉和盐调味，放几片切好的牛腱进去，撒一把香菜或香葱即可。

小贴士

多余的牛腱子片可装盘作白切牛腱。小碗中放白芝麻一小勺，葱花适量，淋入烧热的麻油，加生抽两大勺，蚝油一小勺调匀，作为白切牛腱的蘸料。

Day 9:
紫薯山药粥 +
肉酱蘑菇拌面 +
白灼鸡毛菜

紫薯山药粥

材料

大米一杯，紫薯一个，山药半根。

做法

1. 紫薯和山药分别去皮切块。
2. 大米淘洗干净加大半锅清水，倒入紫薯和山药块，大火煮滚后改中火煮 30 分钟，煮至黏稠即可。

肉酱蘑菇拌面

材料（2 碗）

(1) 食材：蘑菇两个，五花肉丁 100 克，面条两把。
(2) 调料：黄酒一大勺，老抽一大勺，生抽一大勺，糖一小勺，XO 干贝酱一小勺，面条两把，麻油一小勺，葱姜适量。

做法

1. 蘑菇洗净切片煸炒一下待用。
2. 热油煸香葱段和姜丝，倒入五花肉丁煸炒至出油，放黄酒、老抽、生抽、糖、XO 干贝酱，炒好的蘑菇片，水一大勺，加盖焖烧至汁水收干。
3. 面条煮熟捞起，淋一小勺麻油和一小勺生抽拌匀，淋上肉酱蘑菇浇头即可。

白灼鸡毛菜

做法参见 Day 4 中白灼生菜做法。

早安宝贝

Day 10:
小米栗茸胡萝卜
枸杞粥＋泡菜煎饼＋
抹茶蜜豆布丁＋
香肠炒蛋

小米栗茸胡萝卜枸杞粥

材料

小米半杯，大米四分之一杯，栗子十个，胡萝卜一根，枸杞
一小勺，食用油一小勺。

做法

1. 小米和大米淘洗干净浸泡一夜。栗子去壳后加半杯水，用
料理机打成栗茸待用。胡萝卜切小粒。
2. 除枸杞外所有材料混合在一起放入锅里，水加至八分满，
放一小勺食用油。大火煮沸后改中小火开盖继续煮滚约 20 分
钟至黏稠。
3. 最后放入枸杞煮 5 分钟即可。

泡菜煎饼

材料

（1）食材：西葫芦半根，胡萝卜半根，面粉三大勺，鸡蛋一个。

（2）调料：泡菜一大勺，韩国拌饭酱一小勺，麻油一小勺，食用油三大勺，甜辣酱、盐适量。

做法

1. 西葫芦和胡萝卜分别刨成丝，放半小勺盐腌渍几分钟，滗去水分。泡菜切细。

2. 面粉中打入鸡蛋，加入清水约三大勺，再加麻油、韩国拌饭酱、泡菜和西葫芦胡萝卜丝混合拌匀成厚面糊。

3. 平底不粘锅内倒入油烧热，用勺子舀入面糊摊成薄圆饼，煎至两面金黄。

4. 出锅装盘，用轮刀切开煎饼，蘸甜辣酱食用。

抹茶蜜豆布丁

材料（6个）

牛奶200毫升，淡奶油70毫升，炼乳30克，抹茶粉5克，吉利丁片一片半（约8克），蜜红豆一大勺。

做法

1. 抹茶粉用两大勺温水化开拌匀，分三次加入牛奶搅拌均匀（防止结块），然后放入淡奶油和炼乳拌匀。

2. 加热做法1的抹茶奶液至沸腾，熄火冷却10分钟。

3. 吉利丁片用冷开水泡软。

4. 把泡软的吉利丁片放入抹茶奶液中搅拌均匀。

5. 倒入模具冷藏两小时以上，表面撒上蜜红豆即可。

技高一筹

自制蜜豆

1. 赤豆100克放入半锅冷水中，加热煮沸后捞出，洗净待用（去除豆腥气）。

2. 锅子里放清水两杯，冰糖50克，放入焯水洗净的赤豆，用小火煮约半个小时至豆子酥软，汁水收干（不要用大火以避免豆子开花）。

3. 把煮酥的赤豆放在保鲜盒中，撒两大勺绵白糖拌匀后冷藏两小时即可。

香肠炒蛋

做法略

Day 11:
蟹粉阳春面 +
桂圆小蛋糕 +
红枣蒸南瓜

蟹粉阳春面

材料

(1) 食材：蟹粉两大勺，面条一把。
(2) 调料：黄酒一小勺，盐一小撮，醋半小勺，淀粉一小勺，生抽一小勺，麻油一小勺，姜两片（切丝），葱花适量。

做法

1. 炒蟹粉。热油煸香姜丝后倒入蟹粉煸炒，放黄酒、盐、醋继续煸炒一会儿，然后用水淀粉勾芡。
2. 面条煮熟捞起待用。
3. 汤碗内放生抽、盐、猪油或麻油，冲入开水，盛上煮熟的面条，淋上炒制好的蟹粉浇头，撒一把香葱即可。

桂圆小蛋糕

材料

桂圆干一把，鸡蛋5个，低筋面粉108克，食用油30毫升，牛奶40毫升，盐1克，糖70克，柠檬汁几滴。

做法

1. 桂圆干用温水浸泡2小时。
2. 蛋黄、蛋清完全分离。5个鸡蛋黄加牛奶40毫升，油30毫升，盐1克搅拌均匀。筛入面粉，用炒菜手法拌匀。
3. 打发蛋白霜：蛋清5个加几滴柠檬汁，用电动打蛋器高速档打发蛋白霜，打出粗泡后分三次加入所有糖共70克，边加糖边继续打发，直至蛋白霜完全不流动。此时可开始预热烤箱至160度。
4. 分三次混合蛋黄糊和蛋白霜，注意不要朝一个方向搅动，应用炒菜手法拌匀，避免面糊起筋。然后加入浸泡好的桂圆干拌匀。
5. 把混合好的蛋糕糊倒入纸模中至八分满，注意，如果纸模太薄的话底下应加蛋挞托加固，否则烤制时蛋糕液会坍塌漏出。
6. 烤箱预热160度，把蛋糕糊放入烤箱中层烤30分钟。烤好后立刻取出晾凉。

红枣蒸南瓜

材料

红枣五至六颗，南瓜一大块。

做法

南瓜去皮去籽洗净切块，放入红枣，用大火蒸约20分钟，至酥软即可。

小贴士

　　秋天是南瓜季，在选购的时候一是要看皮色，皮色越深越好。二是要选又硬又柴的。这样的南瓜又糯又面，口感特别香甜。

Day 12:
南瓜粥 +
牛肉包菜水煎饼 +
烫蓬蒿菜

南瓜粥

材料

南瓜一大块，白米一杯。

做法

南瓜去皮、去籽、洗净，切小块，白米淘洗干净，和南瓜一起加两大碗水煮至粥黏稠即可。

牛肉包菜水煎饼

材料

（一）饼皮

中筋面粉 200 克，沸水 200 毫升，食用油适量。

（二）馅料

牛肉末两大勺，包菜半棵。
黄酒一大勺，生抽一大勺，生粉一小勺，盐一小勺，麻油一小勺，葱花适量。

做法

1. 牛肉末加黄酒、生抽、生粉、适量葱花搅打至上劲，搅拌过程中分两次加入两小勺清水。
2. 包菜切细丝，加盐腌 15 分钟后挤干水分。
3. 包菜和牛肉末混合在一起，加麻油搅拌均匀。
4. 沸水用绕圈方式倒入中筋面粉中，边加边用橡皮刮刀将面粉搅拌成松散的团状。等面团稍稍冷却后用手捏成团。盖上保鲜膜松弛 30 分钟。
5. 把面团四等分，蘸少许油擀成圆片，包入馅料收口后压扁。
6. 平底不粘锅内放一大勺油加热后放入牛肉饼和大半杯水（约 150 毫升）。
7. 盖上锅盖用中火焖烧几分钟至锅内汁水收干，翻面煎至牛肉饼两面金黄色时出锅。

①

②

烫蓬蒿菜

参见 Day 4 白灼生菜做法。

Day 13:
小鲍鱼红烧肉
酱蛋砂锅面

小鲍鱼红烧肉酱蛋砂锅面

材料

（一）小鲍鱼红烧肉酱蛋

(1) 食材：小鲍鱼 8 个，猪五花肉一斤，鸡蛋 5 个。

(2) 调料：黄酒一大勺，老抽四大勺，冰糖 10 小颗，白芝麻一把，姜两片。

（二）砂锅面

(1) 食材：面条一把，高汤一大碗，蔬菜一小把，小鲍鱼红烧肉酱蛋。

(2) 调料：生抽和盐适量。

做法

（一）小鲍鱼红烧肉酱蛋

1. 小鲍鱼洗净，划出菱形花纹待用。

2. 猪五花肉切大块，放入冷水，加姜片，煮沸 5 分钟后倒去锅内的水，洗净肉上的浮沫。

3. 鸡蛋煮熟后剥去蛋壳，在鸡蛋表面划几刀。

4. 锅内放清水没过五花肉，加黄酒，用中火炖 90 分钟左右，至筷子可以轻松地插入肉里（如汤汁收干，须加水）。

5. 放入熟鸡蛋、老抽、冰糖，用中火煮至锅内剩四分之一水时（约一杯）放入小鲍鱼、撒一把白芝麻，继续煮至肉呈现出亮晶晶的红色汁水浓稠即可。

（二）砂锅面

1. 面条煮熟捞起待用。

2. 砂锅里放适量盐、生抽，倒入高汤或清水煮滚。放入煮熟的面条，洗净的蔬菜，煮沸后立刻熄火，放上小鲍鱼红烧肉。

3. 酱蛋一切二，码放在面条上即可。

早安宝贝

Day 14:
鸡汁豆腐花＋
乌米鱼松咸蛋黄饭团＋
杏仁芝麻奶

鸡汁豆腐花

材料（2碗）

(1) 食材：绢豆腐一盒。鸡汤两小碗。肉末两小勺。花生碎、熟白芝麻、榨菜适量。
(2) 调料：葱，姜，蒜适量。
郫县豆瓣酱一小勺，李锦记 XO 干贝酱一小勺，豆豉酱一小勺。
生抽一大勺，老抽一大勺，黄酒一小勺，糖一小勺。

做法

1. 热油爆香葱白、姜蒜末、XO 酱、郫县豆瓣酱和豆豉酱。
2. 放入肉末煸炒一会儿，放黄酒、老抽、生抽和糖调味，加一大勺水煮滚后熄火待用。
3. 烧一锅滚水，把绢豆腐整块放进水里烫煮两分钟后捞起。
4. 鸡汤烧滚待用。
5. 用勺子把豆腐舀成片状，一片片放进碗里，淋上热鸡汤和肉末酱，撒香葱、熟白芝麻和花生碎、榨菜末即可。

乌米鱼松咸蛋黄饭团

材料

乌米一杯，糯米一杯，鱼松、咸蛋黄、榨菜、白糖随意。

做法

1. 乌米和糯米淘洗干净，沥干后放入电饭煲。
2. 往电饭煲里加入两杯水（用舀米的杯子方便控制水量），煮熟米饭。
3. 操作台上铺一块餐布，然后放一层耐热保鲜膜。舀一大勺米饭放在保鲜膜上，用饭勺压扁，依次码放鱼松、咸蛋黄、榨菜，撒一小勺白糖。
4. 隔着餐布把饭团往中间团起来，捏拢成圆饭团即可。

杏仁芝麻奶

材料

杏仁粉一大勺，芝麻核桃粉一大勺，热牛奶一杯。

做法

杏仁粉、芝麻核桃粉和热牛奶混合在一起拌匀即可。

早安宝贝

Day 15:
翡翠蒸饺 +
豉汁蒸凤爪 +
芝麻核桃香蕉奶昔 +
小米桂圆粥 + 烫青菜

翡翠蒸饺

材料

(1) 菠菜半斤，中筋面粉200克，肉末半斤，冬笋一个，香菇三朵，鸡蛋一个。

(2) 生抽适量，黄酒一小勺，麻油一小勺，盐少许，生粉一小勺，葱花适量。

做法

1. 生菠菜直接放进榨汁机榨成汁。
2. 中筋面粉里倒入菠菜汁，加盐一丁点，揉成均匀的面团，盖保鲜膜静置15分钟。
3. 肉末加葱花少许、黄酒、生抽、生粉，搅打至上劲。
4. 冬笋用沸水煮5分钟后捞出切成细末，香菇切成细末。
5. 把肉末、冬笋和香菇拌在一起，加入鸡蛋、适量的盐和生抽、麻油拌匀成饺子馅。
6. 菠菜面团搓成长条，然后切割成一个个小剂子。把小剂子滚圆压扁，擀成薄圆面片，包入馅料，整形收口，放进蒸笼。（底下垫上防粘油纸或者胡萝卜片）
7. 水煮沸后放上蒸笼，大火蒸15分钟即可。

　　饺子包好以后可以直接放进冰箱冷冻储存，食用前不用解冻，水煮沸后用大火蒸 15 分钟即可。

豉汁蒸凤爪

材料

(1) 食材：鸡爪八个，花生仁一把。
(2) 调料：姜两片，叉烧酱一大勺，蚝油一大勺，生抽一小勺，豆豉酱一小勺，白胡椒粉适量，糖一小勺，黄酒一大勺，麻油一小勺，生粉一小勺。

做法

1. 鸡爪剪去指甲，剖成两半。放进沸水里面煮五分钟，捞出冷水洗净，擦干水分（一定要擦得很干，否则在煎炸过程中极易爆油）。
2. 把鸡爪放进热油锅炸至金黄后立刻取出，放进冷水中泡 15 分钟。
3. 泡完的鸡爪加清水、姜和黄酒用中火煮 30 分钟至酥软，捞出沥干水分。
4. 在煮好的鸡爪里面拌上叉烧酱、蚝油、豆豉酱、生抽、麻油、糖、白胡椒粉、生粉以及花生仁，腌制一下，时间随意，越长越入味。
5. 腌好的鸡爪连调料一起倒进碗里，水煮沸后放进蒸锅，用中火蒸 30 分钟即可。

芝麻核桃香蕉奶昔

材料（2 杯）

芝麻核桃粉两小勺，香蕉一根，温牛奶 400 毫升。

做法

所有材料混合在一起，用食品料理机打匀即可。

小米桂圆粥 + 烫青菜

做法略

早安宝贝

Day 16:
老鸭扁尖汤面 +
奶油紫薯煎吐司

老鸭扁尖汤面

材料

(1) 食材：老鸭一只，扁尖笋十根，火腿五片，绿叶蔬菜一小把，面条一把。
(2) 调料：姜四片，黄酒两大勺。

做法

1. 老鸭洗净，放进冷水中，放两片姜和一大勺黄酒在水里，用大火煮沸 5 分钟后捞出，洗去所有浮沫，倒去汤水。
2. 扁尖笋剖开洗净，浸泡两小时后洗净待用。
3. 把老鸭放进汤锅，锅里水加满，放火腿片，姜两片，黄酒一大勺，大火煮沸后改中火煮两小时左右至汤浓肉酥，然后放入扁尖笋，再煮 30 分钟。
4. 面条煮熟后放进大面碗中，淋上老鸭扁尖汤，把鸭肉、扁尖笋和烫熟的绿叶蔬菜码放在面条上即可。

奶油紫薯煎吐司

材料

面包吐司两片，紫薯半个，淡奶油一大勺，糖一小勺，鸡蛋一个。

做法

1. 紫薯煮至酥烂，捞出用勺子压成泥。
2. 紫薯泥中放入淡奶油和糖拌匀。
3. 吐司切去边皮。
4. 用擀面杖把吐司片擀扁，抹上奶油紫薯泥。
5. 卷起来，卷紧，然后切成三段。
6. 放进油锅里用小火煎至金黄，煎制过程中用筷子夹起翻面。

Day 17:
咸肉青菜山药菜泡饭 +
糯米糖藕 + 煎蛋

咸肉青菜山药菜泡饭

材料（2 人份）
咸肉十片，青菜一小把，山药半根，米饭两小碗。

做法
1. 咸肉切成小粒，山药去皮切小丁，青菜洗净切细。
2. 剩米饭加半锅水，放入咸肉丁，山药丁，大火煮滚后改小火煮 5 分钟。
3. 放入切细的青菜，煮滚后立即关火即可。

糯米糖藕

材料
糯米一杯，藕一段，红糖一大勺，冰糖十颗，糖桂花蜜适量。

做法
1. 糯米淘洗干净，用冷水浸泡两小时。
2. 藕洗净后切去一头（约 3 厘米厚）。
3. 把糯米塞进藕孔里，边塞边用筷子压紧实，糯米填好以后用切下的藕头做盖子盖住藕孔，用竹签子插进去固定。
4. 锅里的水没过藕，放红糖和冰糖，用大火煮滚后改用小火焖煮两个小时至汁水黏稠。
5. 取出藕段，晾凉后切片，码放在盘中。
6. 锅里剩余的红糖汁加两大勺糖桂花蜜煮沸，把黏稠的桂花糖汁淋在糯米藕片上即可。

煎蛋

材料
鸡蛋一个，美极鲜酱油几滴。

做法
平底不粘锅里倒入一大勺油，中火烧热后磕入鸡蛋，煎至蛋白凝固后翻面，再煎约 20 秒盛起，表面淋几滴鲜酱油即可。

Day 18:
水波蛋＋牛肉土豆饼
配芥末籽奶油酱＋橄榄油
烤吐司＋鲜榨橘子汁

水波蛋

材料

生鸡蛋一个。

做法

锅内放半锅清水，大火煮沸后改小火，磕入一个生鸡蛋，用小火继续煮约一分钟，至蛋白凝固捞起即可。

牛肉土豆饼配芥末籽奶油酱

材料

（一）牛肉土豆饼（2 个）

(1) 食材：牛排肉两片，土豆半个，洋葱四分之一个。

(2) 调料：生抽一大勺，黑胡椒粉适量，盐，生粉一小勺，黄酒一小勺。

（二）芥末籽奶油酱（2 人份）

芥末籽调味酱一小勺，生抽一小勺，面粉一小勺，
水 80 毫升，淡奶油 20 毫升。

做法
（一）牛肉土豆饼

1. 土豆去皮切小块，放进冷水里，加适量的盐，
煮至酥软后捞出晾凉待用。
2. 牛排肉切成末，放生抽、黑胡椒粉、生粉、黄酒，
搅至上劲。
3. 洋葱切成细小的粒状，拌进牛肉末中拌匀。
4. 最后把熟土豆拌进牛肉末里，用勺子碾压一下，
使土豆和牛肉黏合在一起，如图②。
5. 平底不粘锅内放两大勺油，舀一大勺牛肉土豆
糊放入锅内，用勺子稍稍压扁，开小火煎至两面
金黄即可，如图③。（注意不要频繁翻面，一面
煎好再煎另一面，否则饼容易散开）

（二）芥末籽奶油酱

所有材料混合在一起拌匀，小火煮沸，至汤汁成
缓慢流动的糊状即可。

橄榄油烤吐司

材料
吐司面包一片，橄榄油一小勺。

做法
吐司面包切去边皮，单面抹上橄榄油，放进烤箱，
用 180 度烤 10 分钟即可。

鲜榨橘子汁

做法略。

Day 19:
白灼金针菇 + 碧玉金
枪鱼蔬菜卷饼 + 白粥 +
牛油果蘸芥末酱油

白灼金针菇

材料

(1) 食材：金针菇一把。
(2) 调料：麻油一小勺，生抽两小勺，糖四分之一小勺，温水一小勺，葱花适量。

做法

1. 金针菇洗净切去根部。
2. 锅内水煮滚，放入金针菇煮一分钟，捞出沥干后码放在盘中。
3. 用麻油、生抽、糖、温水、葱花调成浇汁，淋在金针菇上面即可。

碧玉金枪鱼蔬菜卷饼

材料

（一）碧玉面饼

中筋面粉 100 克，青菜汁 55 毫升，油 5 克，盐一小撮。

（二）馅料

生菜叶四片，紫甘蓝叶一片，油浸金枪鱼罐头一个，鸡蛋四个，芝士四片，沙拉酱、盐和黑胡椒粉适量。

做法

1. 中筋面粉、青菜汁、油、盐混合拌匀，和成一个均匀的面团。
2. 把面团四等分后滚圆。取两个小面团，按扁后单面抹油，然后在上面撒些干面粉，抹油的一面相对叠起来。
3. 把小面团擀成一个大圆薄面片。
4. 平底锅抹少许油，用小火加热后放入面饼烙熟。
5. 趁热上下仔细揭开面饼成两张。
6. 罐头金枪鱼用盐和胡椒拌匀调味。鸡蛋加少许盐打散后煎熟。依次在面饼上码放生菜、紫甘蓝、沙拉酱、鸡蛋、芝士片、金枪鱼，把面饼卷起来即可。

①

②

③
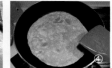
④

⑤

⑥

白粥＋牛油果蘸芥末酱油

做法略。

Day 20:

雪菜素鸡黄鱼面

雪菜素鸡黄鱼面

材料（4碗）

(1) 食材：小黄鱼一斤，雪菜一包，肉丝两大勺，
五两素鸡一个，面条三把。

(2) 调料：八角一个，干红辣椒一个，生抽，老抽，
黄酒，姜，葱，干红辣椒，白胡椒粉，糖，盐，
生粉适量。

做法

（一）卤素鸡

1. 素鸡切片，厚度约一厘米。用平底不粘锅煎几
分钟。注意：一面煎透再翻面煎，否则容易散烂。

2. 煎好的素鸡加黄酒一大勺，老抽一大勺，生抽
一大勺，糖两小勺，八角两个，干红辣椒一个，
水两大杯用中火煮15分钟。汁水收至约一杯的时
候熄火。

（二）小黄鱼汤

1. 小黄鱼洗净沥干，用半小勺盐抹匀腌制20分钟，
放进油锅两面各煎两分钟。冷却后用刀横剖切下
鱼肉，挑去细小的鱼刺。

2. 拆下的黄鱼骨加开水和一大勺黄酒，两片姜，
大火煮滚后中火继续煮滚30分钟，熬成鱼汤，汤
里的鱼骨捞干净废弃不用。

（三）雪菜肉丝

1. 肉丝两大勺加生抽一大勺、黄酒一小勺、生粉
一小勺和葱花腌制十五分钟。

2. 热油爆香肉丝，待肉丝变色后放入雪菜煸炒，
加两大勺水，两小勺糖煮滚几分钟收汁即可。

（四）汤面

1. 面条煮熟捞起，码放在面碗里。

2. 熬好的鱼汤煮滚，放入去骨黄鱼肉略煮两分钟，
撒盐和白胡椒粉调味。

3. 把黄鱼汤和鱼肉淋在面条上，再码上雪菜肉丝
和卤素鸡，撒一把香葱即可。

小贴士

这道面做起来比较繁琐费时，可以提前一
晚把素鸡、黄鱼和雪菜肉丝、鱼汤都准备好，
第二天早上只要做最后的汤面步骤就非常方便
快捷了。

早安宝贝

Day 21:
罗宋汤＋
牛油果泥三文鱼
蒜香法棍

罗宋汤

材料

牛腩一斤，土豆一大个，番茄两个，蘑菇六个，卷心菜半棵，洋葱半个，番茄沙司两大勺，黄油 10 克，面粉一大勺，糖、盐适量。

做法

1. 牛腩放进冷水里面，搁姜两片，黄酒一大勺，煮沸 5 分钟后倒掉汤水，洗净牛腩上的浮沫。
2. 焯水后的牛腩放入锅内，加满水，大火煮滚后改中小火焖煮两小时至肉酥烂。
3. 番茄煸炒变软出水后挑去番茄皮，盛起待用。
4. 在牛腩汤里面放入土豆块煮 10 分钟至软熟，再放入炒好的番茄、蘑菇片、卷心菜、洋葱煮 10 分钟，加适量的盐、糖和番茄沙司调味。
5. 另取一口小锅，加热黄油至融化，撒一大勺面粉，搅匀成黄油面糊。把黄油面糊撒在罗宋汤上，拌匀即可。

牛油果泥三文鱼蒜香法棍

材料（5 片）

牛油果一个，烟熏三文鱼 5 片，法棍一个，黑胡椒粉，橄榄油，柠檬汁，蒜香粉适量。

做法

1. 法棍切片，单面涂一层橄榄油，撒上蒜香粉，放进烤箱用 190 度烤 10 分钟。
2. 牛油果肉捣烂成泥，加黑胡椒粉，柠檬汁几滴拌匀。
3. 把牛油果泥抹在烤好的法棍上，上面码放烟熏三文鱼片即可。

Day 22:

干贝沙虫干山药粥 +
自制春卷 + 白灼生菜

干贝沙虫干山药粥

材料

(1) 食材：沙虫干十条，干贝十颗，山药半根，大米一杯。

(2) 调料：葱适量，姜两片，黄酒、盐、白胡椒粉适量。

做法

1. 沙虫干剪去头尾，挑去沙袋，从中间竖着剪开，用刷子把里面的沙子刷干净后放入清水浸泡两小时，然后把里面的沙子反复搓洗干净，切小段备用。

2. 干贝用半碗清水和黄酒一小勺浸泡一晚，撕成细丝备用。

3. 山药切成小块煮10分钟，用食品料理机打成泥。

4. 大米淘洗干净浸泡一夜。（以上步骤1—4可提前一晚

准备好）

5. 锅里放一小勺油，烧热后煸香沙虫，然后加大半锅清水煮沸后放入大米、干贝丝、姜丝、山药泥一起煮。大火煮滚后改中火，开盖继续煮，使粥保持沸腾状态煮至黏稠（约 20 分钟）。

6. 加盐和白胡椒粉调味，出锅前撒一把葱花或香芹叶即可。

小贴士

　　沙虫滋味鲜美，且营养价值极高，除了含大量氨基酸和微量元素外，还具有抗氧化、抗菌、抗病毒、抗疲劳、防癌和调节免疫的作用，尤其在咳嗽和小儿脾虚、肾亏、尿频方面有显著的疗效。所以适当地给孩子和家人吃一些沙虫粥是大有裨益的。

自制春卷

材料

(1) 食材：春卷皮一包，白菜一棵，肉丝 100 克，冬笋一个，香菇五朵。

(2) 调料：生抽、黄酒、生粉、盐、糖适量。

做法

（一）炒馅子

1. 肉丝加生抽一大勺、黄酒一大勺、生粉一小勺搅至上劲，腌制半小时。

2. 冬笋一切二，沸水焯水后捞出，切成细丝。

3. 白菜和香菇切成细丝。

4. 热油爆香肉丝，变色后依次放入笋丝，香菇丝煸炒一会儿。

5. 放白菜翻炒，加半杯水、适量的盐、半小勺糖，加盖焖烧几分钟。

6. 用两小勺生粉加一大勺水调匀，最后勾芡一下，收汁装盘，晾凉待用。

（二）包春卷

舀一勺馅料放在春卷皮里，折叠起来，包成长条形，收口处涂馅料里面的汁水粘牢。春卷包好后放进冰箱冷冻，需要时随吃随煎。（如图③－⑦）

白灼生菜

做法详见 Day 4。

Day 23:
素馅馄饨＋鲜肉月饼

素馅馄饨

材料
(1) 食材：青菜三斤，冬笋一个，蘑菇五个，豆腐干五块，大馄饨皮两斤。
(2) 调料：生抽两大勺，盐适量，麻油一大勺，糖一小勺。

做法
1. 青菜洗净后放进煮滚的开水中烫 30 秒（不熄火），捞出冲凉水后挤干水分，切细。把切好的青菜末放进无纺布袋子或者纱布口袋中挤干水分待用。
2. 冬笋一切两半，焯水后切成细末装碗，放进蒸锅蒸 20 分钟，晾凉待用。
3. 豆腐干和蘑菇切成细末。
4. 把青菜末、冬笋末、豆腐干末和蘑菇末混合在一起（蒸冬笋末碗里剩余的汁水也一起放进去），加生抽、盐、麻油和糖搅拌均匀，制成馄饨素馅。
5. 包馄饨。
6. 煮滚一大锅水，放入包好的馄饨，大火煮滚后加一杯冷水进去继续煮滚，改中火再煮一会儿，当馄饨体积增大，浮在水面时即可捞出，放进用盐、麻油、葱花加开水调成的清汤里即可。

鲜肉月饼

材料（20 个）

(1) 油皮：中筋面粉 300 克，食用油 120 克，糖 20 克，水 80 毫升。

(2) 油酥：中筋面粉 200 克，食用油 100 克。

(3) 肉馅：五花肉末 250 克，糖 8 克，食用油 10 克，老抽 10 克，生抽 10 克，黄酒 10 克，盐 6 克，葱姜末 10 克，炒熟松子仁 20 克。

做法

1. 做油酥。所有油酥材料混合拌匀捏成团，分成 20 个小剂子滚圆，盖保鲜膜待用。

2. 做油皮。所有油皮材料混合拌匀捏成团，分成 20 个小剂子滚圆，盖保鲜膜待用。

3. 一份油酥放进一份油皮面团内包起来滚圆，压扁，擀成椭圆形面片。

4. 把面片卷起来，卷完再擀成椭圆形。

5. 再次卷起来后滚圆。

6. 用大拇指顶住圆面团中心，食指转动面团，慢慢转成圆面碗。

7. 填入肉馅后，把面团捏拢，收口滚圆。

8. 把月饼胚稍微压扁一些，表面涂蛋黄水，撒白芝麻。烤箱预热 200 度，放在中层烤 20 分钟。

早安宝贝

Day 24:
椰香木瓜西米奶露＋
自制烧麦＋蚝油杂蔬

椰香木瓜西米奶露

材料

小西米一把,鲜奶油一杯,炼乳一小勺,椰浆一大勺,木瓜适量。

做法

1. 小锅内水煮滚后放入一把小西米,煮滚后熄火,盖上锅盖焖 10 分钟。
2. 再次煮滚后熄火,加盖焖 10 ～ 20 分钟,直至小西米中间白色的硬芯消失就可以了。
3. 小西米放入冷开水中洗净粘液,沥干待用。
4. 鲜牛奶加炼乳、椰浆拌匀,煮沸后熄火,放入小西米和木瓜拌匀即可。

自制烧麦

材料（20 个）

(1) 烧麦馅材料：猪五花肉 150 克，香菇三朵，糯米两杯，黄酒一大勺，生抽一大勺，老抽两大勺，糖两小勺，淀粉一小勺，葱姜适量。

(2) 烧麦皮材料：中筋面粉 200 克，滚水 50 毫升，冷水 70 毫升，食用油 5 克。

做法

1. 猪五花肉切成细小的粒状，用黄酒、生抽、葱花、姜末适量、淀粉搅拌上劲，腌制 30 分钟。香菇切成小丁。糯米用电饭锅煮成糯米饭。

2. 热油煸香五花肉丁，然后放香菇煸炒，最后加入糯米饭煸炒，放老抽、糖继续翻炒均匀，直至糯米饭色泽红润晶亮。出锅装盘冷却待用。

3. 趁着冷却糯米饭的时候烫面。滚水用绕圈方式倒入中筋面粉中，搅拌成松散的面团。然后加入冷水，食用油，揉至面团不粘手，面团醒 15 分钟后分成一个个小剂子，把小剂子滚圆压扁擀成薄圆片，包入糯米饭馅料，收口成花边形状。

4. 包好的烧麦冷水起蒸，用大火蒸 15 分钟即可。

小贴士

烧麦皮边缘要擀得薄，否则影响口感。如嫌麻烦，也可以用市售的烧麦皮代替。

蚝油杂蔬

材料

(1) 食材：西兰花四分之一棵，香菇两朵，胡萝卜小半个，彩椒四分之一个。

(2) 调料：鱼露一小勺，蚝油一小勺。

做法

1. 油锅烧热后依次放入胡萝卜，香菇，西兰花，彩椒煸炒。

2. 放鱼露、蚝油调味，淋一大勺水加盖焖烧 1 分钟左右，出锅装盘即可。

Day 25:
杂粮银杏粥＋
明太鱼籽玉子卷＋
麻酱拌茼蒿＋
草莓雪人杯子蛋糕

杂粮银杏粥

材料

大米半杯，黄小米半杯，糙米一把，银杏 10 颗，食用油一小勺。

做法

1. 大米半杯，黄小米半杯，糙米一把淘洗干净浸泡过夜。
2. 入锅加食用油，大火煮滚后加入剥好的银杏改中火继续煮约 20 分钟至黏稠即可。

小贴士

　　银杏剥洗时要把外层浅咖色皮和有毒性的内芯去除干净。

明太鱼籽玉子卷

材料

鸡蛋 5 个，牛奶 50 毫升，盐 1 克，明太鱼籽两条。

做法

1. 大碗内打入全蛋三个、蛋清两个，加牛奶、盐搅打均匀。冰冻的明太鱼籽取出备用。
2. 不沾锅内抹少许油，文火加热至锅上方有热气。倒入五分之一的蛋液，转动锅子使蛋液均匀分布在锅底上，如图①。
3. 放入明太鱼籽，卷起来，如图②。
4. 继续在不粘锅内摊第二个蛋饼，在蛋液未完全凝固时放入前面卷好的鱼籽卷，再一次卷起，如图③、图④。
5. 重复以上步骤 5 至 6 次直至蛋液全部用完，切块装盘，如图⑤。

小贴士

　　5 个鸡蛋只用了 3 个蛋黄是为了降低玉子卷的胆固醇。蛋饼要卷得完美的关键是要使用边缘极薄且能弯曲的硅胶锅铲，一口比较新的不粘锅也是成功的关键，否则蛋液容易沾底。

麻酱拌茼蒿

材料

(1) 食材：茼蒿菜 100 克。
(2) 调料：橄榄油一小勺，苹果醋几滴，鱼露一小勺，芝麻酱一大勺，温水一小勺。

做法

所有调料混合在一起，加一小勺温水拌匀，淋在洗干净的茼蒿上即可。

草莓雪人杯子蛋糕

材料（2 杯）

棉花蛋糕两块（做法见 Day65），淡奶油 100 毫升，糖适量，黑芝麻 4 粒，草莓两个。

做法

1. 淡奶油用电动打蛋器打发至黏稠不流动，边打边分三次加入适量的细砂糖。打发完成后装入一次性裱花袋，前端套上小型菊花裱花嘴，放冰箱冷藏待用。
2. 棉花蛋糕切小块，码放在杯子底部，挤上一层奶油，再码放一层蛋糕，最上层挤满奶油。
3. 草莓拦腰一切二，中间挤上奶油叠起来，在帽子顶部挤一朵奶油花，用黑芝麻做眼睛。

Day 26:
松子玉米芝麻菜沙拉配香煎澳带 +苹果蜂蜜可丽饼

松子玉米芝麻菜沙拉配香煎澳带

材料

（一）松子玉米芝麻菜沙拉

(1) 食材：甜玉米粒半小碗，香菇一朵，红彩椒四分之一个，松子一小把，芝麻菜一把。

(2) 调料：橄榄油一大勺，黑胡椒碎适量，盐一小撮，柠檬汁或苹果醋几滴。

（二）香煎澳带

(1) 食材：新鲜澳带 5 个，鸡蛋 1 个。

(2) 调料：黄酒一大勺，盐一丁点，生粉一小勺，黄油一小块。

做法

（一）松子玉米芝麻菜沙拉

1. 甜玉米粒煮熟备用，香菇、红彩椒切丁。
2. 起油锅，依次放入香菇丁、玉米粒、松子、红彩椒翻炒片刻，加盐和黑胡椒调味。
3. 芝麻菜洗净沥干，码放在盘里，用橄榄油、黑胡椒碎、盐、柠檬汁拌匀成油汁，淋在芝麻菜上即可。

（二）香煎澳带

1. 新鲜澳带5个用黄酒、盐、鸡蛋液、生粉腌制一会儿。
2. 平底锅里放一小块黄油烧融化，放入鲜带子，煎至两面金黄即可。

苹果蜂蜜可丽饼

材料（3个）

苹果一个，鸡蛋一个，牛奶150毫升，白糖15克，低筋面粉50克，橄榄油5克，柠檬汁几滴，黄油一小块，蜂蜜一小勺，提子干、蔓越莓果干适量。

做法

1. 苹果切薄片，放进平底锅里，淋一小勺油，一大勺水，用小火烙至金黄柔软（可盖上锅盖烙）。
2. 鸡蛋、牛奶、白糖、低筋面粉、橄榄油、柠檬汁等全部材料调成均匀的糊状。
3. 平底不粘锅用黄油抹一下，加热至锅上方有热气时倒入面糊，转动锅子摊一个薄圆饼。
4. 铺上烙好的苹果片，将饼对折再对折。
5. 装盘，淋上蜂蜜或巧克力酱，用提子干和蔓越莓干做装饰。

小贴士

　　可丽饼口感柔软、容易消化，很适合小年龄段的孩子和老人。如果不喜甜食，也可以把可丽饼面糊里的糖去掉，把苹果片换成生菜、芝士片和火腿，最后挤上番茄沙司，就是咸味的可丽饼了。

Day 27:
竹荪鸡汤河粉 + 奶黄包

竹荪鸡汤河粉

材料（1人份）

干竹荪10根，鸡汤一大碗，冬笋四分之一个，青菜一把，越式河粉一袋，盐适量。

做法

1. 干竹荪剪去头部的网状须和尾部的硬结，冷水泡开后洗净，沥干待用。
2. 冬笋用沸水焯两分钟捞出切块。
3. 鸡汤里放入冬笋煮沸后放入竹荪，继续煮滚几分钟后放入越式干河粉煮两分钟，最后加青菜煮滚后放适量盐调味即可。

奶黄包

材料
（一）奶黄馅
（牛奶100毫升，淡奶油50克，糖50克，炼乳35克，鸡蛋三个，低筋面粉25克，生粉30克。

（二）面皮
馒头自发粉200克，水105毫升，糖10克，干酵母粉2克，食用油一小勺。

做法
（一）奶黄馅
1. 牛奶、淡奶油、糖、炼乳混合在一起，拌匀。
2. 加入一个全蛋，两个蛋黄，用手动蛋抽搅打均匀。
3. 低筋面粉和生粉混合在一起，筛入奶液中拌匀。
4. 最后把奶糊过筛一下，放入锅里用小火加热，边加热边搅拌。
5. 待奶黄糊结成团状后关火，放凉备用。如图①。

（二）面皮、包馅及蒸制
1. 馒头自发粉、水、糖、干酵母粉全部混合在一起，用面包机揉面10分钟后加入食用油，继续搅拌成一个均匀的面团后静置15分钟。
2. 分割面团成十等分，每个小面团滚圆后盖保鲜膜静置10分钟。
3. 小面团按扁擀开成薄圆片，把搓圆的奶黄馅放在面片当中，包起来收口向下放在蒸笼里，如图②。（蒸笼底部须垫油纸防粘）
4. 也可以按图③④⑤所示方法把奶黄包整成花型。
5. 盖上蒸笼盖，让包子在室温下进行最后发酵30分钟。
6. 冷水起蒸，先用小火蒸5分钟，然后改大火蒸10分钟,最后再用小火蒸5分钟,关火后不要打开蒸笼盖,等10分钟包子略微放凉后再开盖，防止包子皮凹陷起麻皮。

Day 28:

石锅拌饭＋味噌汤

石锅拌饭

材料

热米饭一大碗，胡萝卜，豆芽，香菇，木耳，黄瓜，菠菜适量，鸡蛋一个，韩式牛肉酱一大勺，韩式拌饭酱一大勺，盐适量。

做法

1．分别煸炒胡萝卜丝、豆芽、香菇丝、木耳丝、黄瓜丝。炒时加适量盐调味。菠菜在沸水中烫一下，捞起待用。
2．石锅底部抹油，盛入热米饭，在米饭上层依次码放各色蔬菜，中间放韩式牛肉酱或者单面煎的鸡蛋一个。
3．石锅加盖，中火加热焖烧10分钟。
4．食用时拌入一大勺韩国拌饭酱即可。

技高一筹

自制韩式牛肉酱

材料

(1) 食材：牛肉末两大勺，白芝麻一小勺。
(2) 调料：生抽一大勺，老抽一小勺，黄酒两大勺，生粉一小勺，糖半小勺，韩国拌饭酱一大勺，葱姜末适量。

做法

1．牛肉末加生抽、黄酒、葱姜末适量、生粉搅至上劲，腌制30分钟。
2．油锅烧热，爆香白芝麻和腌好的牛肉末，淋黄酒一大勺继续翻炒至熟透，加老抽、糖、韩国拌饭酱，煸炒均匀即可出锅。

味噌汤

材料

(1) 食材：绢豆腐半盒，金针菇一把，裙带菜干一小勺。
(2) 调料：味噌调料两包，盐适量。

做法

1．豆腐切小块。金针菇洗净。裙带菜冷水泡开后洗净待用。
2．清水两杯煮滚后放入味噌调料搅匀，放入裙带菜，豆腐，金针菇煮滚5分钟，加适量盐调味即可。

早安宝贝

Day 29:
韩式荞麦冷面 ＋
蟹粉海参鸡蛋羹 ＋
培根迷你番茄卷 ＋
白灼生菜

韩式荞麦冷面

材料

荞麦面一把，荞麦面汤料 50 毫升，白芝麻一把，葱花适量，海苔碎适量。

做法

1. 韩式冷荞麦面汤料和清水以 1 比 3 的比例混合，煮沸后装碗，撒入白芝麻，葱花。
2. 一锅清水煮滚后下入荞麦面条，煮熟后用凉开水冲洗一遍，装盘撒海苔碎。

蟹粉海参鸡蛋羹

材料

鸡蛋一个，水发海参一条，蟹粉一小勺，蒸鱼豉油两小勺。

做法

1. 鸡蛋打散，加大半碗清水搅打均匀，加入蒸鱼豉油调味，然后在蛋液里面放一条已经煮酥的水发海参。
2. 冷水起蒸，大火煮沸水后改中火隔水蒸 5 分钟。
3. 打开蒸碗盖，放入蟹粉，继续蒸 5 分钟即可。

小贴士

鸡蛋羹蒸得光滑的关键是一定要给盛蛋液的容器盖上盖子。

培根迷你番茄卷

材料（4 个）

培根两长条，迷你番茄 4 个，竹签 4 根。

做法

1. 培根一切二，把迷你番茄包在中间卷起来，用竹签子插进去固定。
2. 烤箱预热 220 度，烤 15 分钟即可。

白灼生菜

做法详见 Day4。

Day 30:

鲜虾小馄饨＋
烤面包布丁＋
西瓜汁

鲜虾小馄饨

材料
(1) 食材：鲜虾一斤，猪五花肉糜两大勺，鸡蛋一个，紫菜一小撮，虾皮适量，小馄饨皮一斤。
(2) 调料：鱼露一大勺，黄酒两大勺，生抽一大勺，麻油两小勺，盐、葱花适量。

做法
1. 鲜虾剥壳去肠洗净沥干，剁成虾泥，加一个鸡蛋清、盐适量、鱼露、黄酒一小勺搅打至上劲。
2. 猪五花肉糜加葱花适量，生抽一大勺，黄酒一大勺搅打至上劲。
3. 混合虾肉泥和肉糜，加一小勺麻油把馅料混合均匀。
4. 小馄饨包好后用保鲜盒冷冻保存，随吃随取。
5. 紫菜虾皮蛋皮汤料：紫菜、虾皮、鸡蛋打散后用平底锅少油加热摊成蛋饼，切丝，三者混合，加适量麻油、盐、葱花，开水一冲即成。
6. 大火烧开一锅水，放入小馄饨，煮沸后加半碗冷水，再次煮沸后改中小火再煮一会儿，馄饨浮于水面即可捞起放入汤料中。

烤面包布丁

材料
面包吐司两片，鸡蛋两个，糖粉20克，淡奶油120毫升，牛奶120毫升，提子干适量，杏仁片适量，黄油10克。

做法
1. 面包吐司单面抹黄油，放进烤箱用180度烤5分钟。
2. 鸡蛋、糖粉、淡奶油、牛奶混合搅打成均匀的布丁液。
3. 烤好的吐司片一切四，蘸上布丁液码放在烤盘里，然后把剩余的布丁液淋在吐司片上，撒提子干。
4. 烤箱预热200度，置于烤箱中下层烤20到25分钟，出炉前5分钟撒杏仁片继续烤，出炉后撒糖粉装饰。

西瓜汁

做法略。

Day 31:
烟熏三文鱼芝麻
菜沙拉＋美式炒蛋＋
华夫格

烟熏三文鱼芝麻菜沙拉

材料

芝麻菜一把，烟熏三文鱼三片，橄榄油一小勺，鱼露一小勺，苹果醋几滴，黑胡椒碎适量。

做法

1. 橄榄油、苹果醋、鱼露、黑胡椒碎混合在一起调成油醋汁，淋在洗净沥干的芝麻菜上。
2. 把烟熏三文鱼码放在芝麻菜上即可。

美式炒蛋

材料

鸡蛋一个，牛奶50毫升，盐一小撮，黑胡椒碎适量。

做法

1. 鸡蛋加牛奶打散，放盐调味。
2. 锅里倒一小勺油，冷锅倒入蛋液，小火加热，边加热边搅拌鸡蛋液，至鸡蛋基本凝固时即离火。
3. 出锅装盘，撒上黑胡椒碎即可。

早安宝贝

华夫格

材料（8块）

松饼粉150克，牛奶100毫升，鸡蛋一个。

做法

1. 鸡蛋用电动打蛋机搅打两分钟，加入牛奶继续搅打均匀。
2. 筛入松饼粉拌匀。
3. 华夫格模具抹油加热，倒入面糊。合上模具放在灶上小火加热直至有热气和香味冒出。打开模具观察，如果颜色不够深，可以继续加热，直至华夫格变成金黄色。
4. 装盘，撒上巧克力酱或蜂蜜皆可。

Day 32:
鸭血粉丝汤＋
干炒牛河＋
焦糖榴莲布丁

鸭血粉丝汤

材料（2 人份）

(1) 食材：鸭血一盒，咸鸭胗干两个，绿豆粉丝一把，高汤两大碗。
(2) 调料：大蒜叶、香菜、葱、姜、麻油，白胡椒粉适量。

做法

1. 咸鸭胗干切片，鸭血切小块。把鸭胗干和鸭血放进沸水中，搁几片姜和一大勺黄酒，煮滚两分钟，涮烫去血水和腥气，捞起沥干待用。（锅里的沸水倒掉）
2. 绿豆粉丝泡软，放进滚水中煮熟后捞起，放在碗里待用。
3. 高汤煮沸，放入鸭血和鸭胗干煮 5 分钟，加盐和白胡椒粉调味。
4. 把煮好的鸭血汤倒入装有粉丝的碗里，撒姜丝、蒜叶、香菜，淋一小勺麻油即可。

干炒牛河

材料（一大盘）

(1) 食材：牛里脊肉100克，干河粉一把，洋葱四分之一个，韭黄一小把，绿豆芽一小把。
(2) 调料：生抽，老抽，生粉，黄酒，食用小苏打，糖适量。

做法

1. 牛里脊切成薄片，加生抽一大勺，生粉一小勺，黄酒一大勺，食用小苏打一小撮（约1克）搅匀，腌制半小时或过夜。
2. 河粉用温水泡软待用。
3. 生抽两小勺，老抽一小勺，糖一小勺，水一大勺调匀成酱汁待用。
4. 锅里放一大勺油，烧热后放入牛肉片滑炒，变色后捞起。
5. 另起油锅烧热，放入洋葱、韭黄、绿豆芽煸炒一会儿，放入河粉略炒，注意要用筷子轻轻地翻动，避免河粉断裂。
6. 放入牛肉片，倒入调好的酱汁略炒，炒到河粉呈晶莹半透明状即可出锅装盘。

焦糖榴莲布丁

材料

榴莲肉120克，牛奶100毫升，淡奶油100毫升，糖10克，生鸡蛋黄一个，吉利丁片一片（5克），黄糖适量。

做法

1. 榴莲肉和牛奶，加一个蛋黄混合在一起，用食品料理机搅打成泥。吉利丁片用冰水泡软。
2. 小火加热榴莲泥，煮沸后关火冷却至60度左右。放入泡软的吉利丁片，搅拌至完全融化。
3. 淡奶油加糖，用电动打蛋器打至八分发，和榴莲泥混合在一起拌匀。
4. 把拌好的奶油榴莲糊倒进模具里，放冰箱冷藏2小时以上。
5. 在凝固好的榴莲布丁表面撒一小勺黄糖或白糖，用喷火枪把糖烧至焦糖色即可。

Day 33:
三文鱼茶泡饭＋
随意六小碟＋花生奶

三文鱼茶泡饭

材料（1 人份）

三文鱼两片，茶泡饭调料一包，玄米茶一杯，热米饭一碗。

做法

1. 盛一小碗热米饭，表面撒上一包茶泡饭调料，冲入泡好的热玄米茶，最后码放三文鱼。
2. 食用时用勺子拌匀即可。

随意六小碟

材料

煮鸽蛋、红姜片、三文鱼、即食裙带菜、煎糖年糕、水果等随意搭配。

做法

略。

花生奶

材料

花生仁 30 克，热牛奶一杯。

做法

1. 花生仁 30 克放进微波炉加热两分钟，剥去衣壳。
2. 把花生和一杯热牛奶混合在一起，放进食品料理机粉碎成花生奶即可。

Day 34:
香煎鹅肝配吐司煮苹果
＋牛奶麦片粥

香煎鹅肝配吐司煮苹果

材料
(1) 食材：鹅肝一片，吐司一片，苹果一个，芝麻菜一小把。
(2) 调料：红莓果酱一大勺，黄油 10 克，面粉一小勺，橄榄油、黑胡椒粉、盐、糖适量。

做法
1. 鹅肝撒少许盐腌制半小时或过夜。
2. 鹅肝表面撒少许面粉待用。平底锅内放黄油加热至融化，放入鹅肝，用中小火煎至两面金黄（大约3分钟）。
3. 苹果切小块，加两大勺水，一小勺糖，盖上锅盖用小火煨至酥软并黏稠即可。
4. 吐司单面抹一小勺橄榄油，用 180 度烤 10 分钟。
5. 吐司做底，上面铺煎好的鹅肝，配上煮苹果和红莓果酱。
6. 橄榄油一小勺加适量的盐和黑胡椒调匀，淋在芝麻菜上。

小贴士
鹅肝不用煎太久，否则容易缩成很小一块。苹果和果酱的酸甜味可以中和鹅肝的肥腻感。

牛奶麦片粥

材料
牛奶一杯约 250 毫升，水半杯约 100 毫升，燕麦片一大勺。

做法
1. 即食燕麦片加半杯水煮沸 5 分钟成厚糊状。
2. 加入鲜牛奶，搅拌均匀。用小火煮滚后改微火煮 5 分钟，使奶麦片成为非常粘稠的薄糊状即可。

小贴士
虽然市售的燕麦片多为即食麦片，写着开水冲泡即可，但是口味却远不如煮几分钟来的香柔软滑，所以要口感好还是不能省却这一步哦！

Day 35:
鲜百合莲子粥＋
糟翡翠螺＋南翔小笼
包＋水芹菜炒虾干＋
咸鸭蛋

鲜百合莲子粥

材料
鲜百合半个，百米一杯，莲子一把。

做法
1. 莲子和白米淘洗干净，浸泡一晚上。鲜百合洗净。
2. 莲子和白米加大半锅水一起煮，煮滚 20 分钟后，
加入鲜百合，继续煮 10 分钟，至粥黏稠即可。

糟翡翠螺

材料
(1) 食材：翡翠螺一斤。
(2) 调料：黄酒一大勺，姜三片，葱三四根，糟卤半瓶。

做法
1. 用刷子把翡翠螺表面彻底刷洗干净，注意螺肉露出的部分和壳内部够得到的地方也要尽量刷洗到。
2. 煮开一锅水，加黄酒、姜、葱，放入翡翠螺煮10分钟。捞出用冷开水冲洗沥干。
3. 把煮熟的翡翠螺浸泡在糟卤里，注意糟卤须没过螺壳，否则难入味。两到三小时后即可食用，浸泡过夜的话会更入味。

小贴士
翡翠螺个大肉嫩，没有土腥气，泥沙也少，在菜场比较难见到，但是在网上却可以轻松地买到，一般当天订货第二天下午就可以到货了。

南翔小笼包

1. 采购后分装速冻，随吃随取。
2. 不用解冻，水烧开后蒸15分钟即可。

水芹菜炒虾干

材料
(1) 食材：水芹菜一把，虾干10个。
(2) 调料：鱼露一小勺。

做法
水芹菜洗净切段。热油锅中先倒入虾干煸香，然后放水芹菜继续煸炒，加鱼露调味，淋一大勺水，继续炒至断生后即可出锅。

早安宝贝

Day 36:
卤牛腱心龙骨汤面 +
蛋挞

卤牛腱心龙骨汤面

材料

(1) 食材：牛腱心一个，牛脊骨（龙骨）一大块，洋葱半个，面条一把，白萝卜三四片。
(2) 调料：姜4片，黄酒两大勺，八角两个，花椒八粒，老抽三大勺，冰糖10小粒，盐和葱花适量。

做法

1. 牛腱心切成大的厚片，放入冷水中，加姜两片和黄酒一大勺，用大火煮至沸腾5分钟后倒掉血水，仔细洗去牛肉上的浮沫。
2. 在洗净的锅子里倒入一锅清水，放入已焯水洗净的牛腱，放八角、洋葱、花椒、姜两片、黄酒一大勺、老抽、冰糖，大火煮沸后改用中火炖至牛肉酥烂，锅里剩余小半锅汤汁。
3. 牛脊骨（龙骨）一大块，焯水洗净后放入一锅清水中炖成雪白的浓汤待用。
4. 面碗内搁适量盐，倒入牛骨浓汤，放入煮熟的面条和白萝卜片，淋一大勺带汤汁的卤牛腱，撒葱花即可。

蛋挞

材料（6个）

生鸡蛋黄2个，牛奶70毫升，淡奶油70毫升，糖15克，炼乳10克，市售蛋挞皮6个。

做法

1. 蛋挞馅：牛奶、淡奶油、糖、炼乳，混合均匀至糖完全溶解。
2. 加入两个鸡蛋黄拌匀。
3. 蛋挞液倒入挞皮中至八分满。
4. 预热烤箱220度，放在烤箱中下层，烤20分钟。

备注：现成的蛋挞皮可以网购，解冻后即可使用。

Day 37:
皮蛋瘦肉粥＋
葱油花卷馒头、＋
黄金玉米烙

皮蛋瘦肉粥

材料（3碗）

(1) 食材：猪里脊丝两大勺，白米一杯，皮蛋一个。

(2)调料：生抽一大勺，黄酒一大勺，生粉一小勺，葱花适量，盐适量，白胡椒粉适量。

做法

1. 猪里脊肉丝加生抽、黄酒、生粉、部分葱花拌匀，腌制一晚。

2. 白米洗净，用清水浸泡一晚后捞出待用。

3. 热油煸香肉丝，变色后倒入大半锅开水，煮滚后放入白米，用中火煮约20分钟。

4. 放入切碎的皮蛋，再煮5分钟，加适量的盐调味。

5. 出锅装碗，撒剩余葱花和白胡椒粉即可。

葱油花卷馒头

材料（10个）

(1)面团材料：中筋面粉300克，水160毫升，干酵母3克，糖15克，油5克。

(2)调料：油一大勺，盐适量，葱花两大勺。

做法

1. 干酵母和水混合，静置5分钟后倒入中筋面粉中，放糖和油，揉成光滑面团。

2. 揉好的面团盖保鲜膜，在室温下静置15分钟。用擀面杖把面团擀成一大个椭圆片或长方形面片。

3. 在面片上刷一层油，撒适量的盐和葱花，用手轻压，使葱花和面团粘合。

4. 把面片卷成一长条。

5. 把面团切成10小块。

6. 用竹签在每个小面团中间压一下，压到约离底部四分之一的位置。

7. 蒸笼底部垫油纸，放入花卷，盖上盖子，室温发酵30分钟。冷水起蒸，用中大火蒸20分钟即可。

黄金玉米烙

材料

甜玉米两根，糯米粉一大勺，生粉一小勺，糖粉适量。

做法

1. 甜玉米粒煮熟后沥干待用。

2. 在玉米粒中撒入糯米粉、生粉、两小勺水，拌匀。

3. 平底不粘锅（冷锅）里倒一小勺食用油，抹匀后倒入步骤2拌好的玉米粒，用勺子按成一大个扁圆形玉米饼并按紧。

4. 小火加热几分钟后轻轻晃动平底锅，看到玉米粒全部黏结在一起不松散开来时加入三大勺食用油，用中小火继续把玉米煎至金黄松脆。

5. 出锅后用轮刀切成大块，撒上糖粉即可。

Day 38:
奶香刀切馒头 +
羊蝎子骨汤面 +
啤酒红焖羊肉

奶香刀切馒头

材料（8个）

馒头自发粉 200 克，牛奶 70 毫升，淡奶油 45 克，糖 20 克，干酵母 2 克。

做法

1. 全部材料放入面包机和面，揉成一个均匀的面团。在面包机内静置 20 分钟。

2. 把面团擀成长方形，注意擀的时候要压出面团里所有的气泡，如图。

3. 长方形面皮表面刷一层水，卷起来成一长条（注意要卷紧），揉搓一下，使圆柱体面团粗细均匀。

4. 切割成小块，放入蒸笼中。

5. 盖上蒸笼盖，在常温下自然发酵 45 分钟。

6. 冷水起蒸，先小火蒸，5 分钟后改大火蒸 10 分钟，最后再用小火蒸 5 分钟。蒸好自然冷却 10 分钟后再开盖，避免馒头起皱。

①

②

③

羊蝎子骨汤面＋啤酒红焖羊肉

材料

(1) 食材：羊蝎子骨一斤，羊腿肉一斤，啤酒一罐，青蒜两根。
(2) 调料：老抽四大勺，黄酒一大勺，冰糖 10 粒，花椒 8 粒，干红辣椒两个，八角两个，桂皮一块，葱、姜、蒜、花椒适量。
(3) 羊蝎子骨汤一大碗，啤酒红焖羊肉一小碗，青蒜一根，白萝卜半个，面条随意。

做法

（一）啤酒红焖羊肉、羊蝎子骨汤

1. 焯水：羊蝎子骨洗净，放三片姜、黄酒一大勺，加一大锅冷水烧开五分钟后倒掉血水，洗净所有的浮沫。
2. 羊腿肉切大块，也照做法 1 相同的方法焯水。
3. 焯过水的羊蝎子骨加一大锅清水，煮开后用中小火慢炖成雪白的浓汤（约 2 个小时），然后捞出羊蝎子骨待用。
4. 炒锅加一勺油烧热，放入姜片、蒜头、葱白、花椒、桂皮、八角、干红辣椒煸炒出香味。倒入羊腿肉和做法 3 中捞起待用的羊蝎子骨继续翻炒，加啤酒、老抽、冰糖以及适量的水（没过锅里的羊肉）。
5. 大火煮滚后改中小火慢炖约一小时至羊肉酥烂，收汁至留小半锅汁水。撒上一把青蒜叶，即可食用。

（二）羊蝎子骨汤面

1. 白萝卜切成厚厚的大圆片，加一大碗羊蝎子骨汤煮约十分钟至萝卜酥软，加适量盐调味。同时加热已经煮好的啤酒红焖羊肉。
2. 煮一锅开水下面条，煮熟后捞起，把面条码放在面碗中。
3. 倒入煮好的羊蝎子骨汤，把萝卜码放在面上，最后淋上一大勺带汤汁的红焖羊肉，撒上青蒜叶，即可食用。

> ### 小贴士
>
> 　　羊蝎子骨汤炖好可以隔夜存放在冰箱里或比较寒冷的阳台上，第二天早上撇去上面结成片状的羊油再加热做面汤，就更少油健康啦！

早安宝贝

Day 39:

桂圆甜酒酿崇明糕
水潽蛋＋芦笋虾球＋
煎菜肉大馄饨

桂圆甜酒酿崇明糕水潽蛋

材料（1碗）

桂圆干10颗，甜酒酿一大勺，崇明糕一块，鸡蛋一个，
冰糖适量。

做法

1. 桂圆干置于小碗内浸泡一晚。崇明糕切成小块。
2. 烧小半锅开水，放入冰糖、桂圆肉、崇明糕块煮沸，
加甜酒酿继续煮几分钟，最后磕一个鸡蛋进去，用小火焖
两分钟即可。

芦笋虾球

材料

(1) 食材：草虾半斤，鸡蛋一个，芦笋四根。
(2) 调料：黄酒一小勺，鱼露一小勺，糖半小勺，生粉半小勺，盐适量。

做法

1. 草虾半斤去壳去头（留尾巴这里一小段壳不要剥掉），挑去虾肠，沿背部切一刀，注意不要切断。
2. 虾仁洗净后沥干，用纸巾吸干水分，加适量的盐，鸡蛋清小半个，生粉搅拌均匀，腌制一下。（可以放在冰箱里腌制一晚上，方便第二天早上取用）
3. 芦笋洗净，刨去老茎，切成小段。
4. 把腌制好的虾仁在热油锅里面过一下油，约十几秒就够了，取出待用（过完油的虾仁会自然卷起成球状）。
5. 另起油锅，煸香芦笋，烹黄酒、鱼露、糖调味，放入虾球，淋一大勺水，继续煸炒一会儿至芦笋变成翠绿色即可出锅装盘。

煎菜肉大馄饨

材料

菜肉大馄饨 10 个，熟白芝麻一小勺，油一大勺。

做法

1. 不粘锅内放油，小火烧热。放入菜肉大馄饨煎 30 秒，加清水一杯，用中火加盖焖烧。
2. 锅内水即将收干时撒白芝麻。然后盖上锅盖晃动锅子使馄饨受热均匀，等汁水收干馄饨呈金黄色时立刻熄火，取出装盘即可。

小贴士

　　菜肉大馄饨可以提前做好，分装在小盒子里面放冰箱，方便随吃随取。煎馄饨时不用解冻，直接入锅就可以了。菜肉大馄饨的具体做法详见 day 23。

Day 40:
腌笃鲜年糕汤 ＋
豆沙包 ＋ 盐水豌豆 ＋
白灼生菜

腌笃鲜年糕汤

材料

(1) 食材：新鲜猪蹄髈一个，南风肉或咸肉一大块，竹笋
五根，蹄筋或肉皮随意，切片年糕一小碗。
(2) 调料：黄酒三大勺，姜四片。

做法

1. 猪蹄髈洗净，南风肉洗净切块，放入一大锅冷水中，
加姜两片和黄酒一大勺，用大火煮至沸腾五分钟后倒掉血
水，仔细洗去肉上的浮沫。竹笋去除老根部分，放入开水
焯五分钟后捞起，切成滚刀块备用。
2. 蹄髈、南风肉、竹笋放进砂锅中，加满水，放黄酒两大勺、

姜两片，大火煮滚后改用中小火炖2小时左右至汤浓肉酥。

3．加入蹄筋、肉皮等材料再炖半小时即可。

4．腌笃鲜可以提前一晚炖好，第二天早上舀出一小锅，煮滚后放入年糕煮至软熟，撒葱花即可食用。

小贴士

　　长条状年糕买回后切成片放冰箱冷冻，随吃随取非常方便。但是冷冻后的年糕容易粘在一起，煮前须放在温水里面让年糕自然化冻分离，千万不能把一整块冰冻的年糕片直接放进锅内煮，会结块成糊影响口感。

豆沙包

材料（16个）

馒头自发粉150克，水80毫升，酵母2克，糖一小勺，豆沙馅100克。

做法

1．除豆沙馅外所有材料放进面包机，揉成一个均匀的面团。

2．和面完成后按 Day 4 中制作肉包的方法把肉馅改为豆沙馅制作豆沙包即可，注意收口向下放进蒸笼。

盐水豌豆

材料

带壳豌豆100克，盐适量。

做法

1．豌豆洗净，撕掉老茎，剪去两头。

2．锅内水煮滚，放入豌豆，撒适量盐，大火煮滚后改中火煮七八分钟即可。

白灼生菜

做法详见 Day4.

Day 41:
白菜香菇猪肉饺子 +
抹茶拿铁 +
白煮鸽子蛋

白菜香菇猪肉饺子

材料

(1) 饺馅：肉糜半斤，大白菜半斤，香菇 3 朵，黄酒一大勺，生抽两大勺，麻油一小勺，生粉一小勺，盐一小勺、葱花适量。

(2) 饺皮：中筋面粉 300 克，水 160 克，盐 1 克。

(3) 蘸料：豆瓣辣酱一小勺，生抽一小勺，蚝油一小勺，白芝麻一小勺，醋一小勺，XO 干贝酱一小勺，麻油一小勺。

做法

1. 肉糜加黄酒、生抽、生粉、葱花适量搅至上劲，搅拌时分两次加一大勺水。

2. 大白菜切细丝，撒一小勺盐拌匀腌制 10 分钟，出水后去水分，捏干。香菇切成细末。

3. 拌匀肉馅、白菜丝和香菇末，加一小勺麻油拌匀，馅料完成。

4. 中筋面粉加水和盐揉成均匀的面团。

5. 面团搓成长条状，切割成均匀大小的小面团，擀成薄圆片，包入馅料，捏成元宝形。

6. 煮沸一大锅水，放入饺子，用锅铲稍稍推动饺子，防止粘锅。煮沸后立刻倒入一杯冷水，再次煮沸后再加一杯冷水，继续煮沸几分钟，直至饺子体积略微膨胀并且浮在水面上。

7. 捞起水饺，沥干水分装盘即可。

8. 蘸料：所有材料 (3) 混合拌匀即可。

小贴士

锅内下饺子留下的热汤水可以用来佐着饺子喝，所谓原汤化原食，让人感觉妥帖又暖胃喔。

抹茶拿铁

材料

宇治抹茶粉一小勺，清水一大勺，牛奶一杯，淡奶油一大勺，黄糖一小勺。

做法

1. 宇治抹茶粉放入奶锅，用清水拌匀。

2. 加入牛奶继续搅拌，加淡奶油、黄糖，边搅边加热，煮沸即可。

白煮鸽子蛋

材料

鸽子蛋数量随意。

做法

1. 鸽子蛋放入半锅冷水中，大火煮沸后改小火煮 5 分钟即可。

2. 捞出鸽子蛋，放进一大碗冷水中浸泡 30 秒再捞出剥壳食用（可以防止剥蛋时粘壳）。

早安宝贝

Day 42:
黑糖桂圆水潽蛋
年糕汤＋开洋葱油
拌面＋咸蛋黄蟹粉
竹荪烩丝瓜

黑糖桂圆水潽蛋年糕汤

材料（1碗）

桂圆干10颗，年糕100克，黑糖两块，鸡蛋一个。

做法

1. 桂圆干温水浸泡10分钟或隔夜浸泡。冰箱冷冻室里取出的年糕温水化冻拨散。
2. 锅内放小半锅清水，放入桂圆干和两块黑糖，煮沸后放入年糕煮熟，磕一个鸡蛋进去用小火焖两分钟即可。

开洋葱油拌面

材料（1碗）

香葱一把，食用油两大勺，开洋（虾干）6个，面条一把，生抽两小勺。

做法

1. 熬葱油：小锅内倒入食用油，放入切成10厘米左右的香葱段，用小火慢慢熬，直至葱香四溢，葱的颜色变成黄褐色。放入开洋（虾干），十几秒后关火。
2. 煮一锅滚水下面条，面条不能煮太熟烂，煮到用筷子可以夹断即可（中间硬芯）。
3. 捞起面条装盘，淋熬好的葱油和生抽，拌匀，最后把焦黄的香葱和开洋码放在面上即可。

咸蛋黄蟹粉竹荪烩丝瓜

材料

(1) 食材：干竹荪10根，咸蛋黄2个，蟹粉一大勺，丝瓜1根。
(2) 调料：姜两片，黄酒一大勺，盐适量。

做法

1. 干竹荪剪去头部的网状须和尾部的硬结，冷水泡开后洗净，沥干待用。咸蛋黄、丝瓜切小块。
2. 锅里放一大勺油，烧热后先下姜丝煸炒，然后放咸蛋黄和蟹粉煸炒一会儿，最后放入丝瓜和竹荪，淋一大勺黄酒，两大勺水，加盖焖烧几分钟，最后加适量的盐调味，出锅装盘即可。

小贴士

如果没有蟹粉，也可以全部用咸蛋黄代替。

Day 43:
香菇鸡粥＋
馒头热狗卷＋
炝炒黑木耳

香菇鸡粥

材料（2 人份）
大米半杯，香菇两朵，熟鸡腿一个，小豌豆一大勺，盐适量，鸡汤半锅。

做法
1. 大米洗净浸泡一晚。香菇洗净切丝。熟鸡腿拆肉撕碎。
2. 半锅鸡汤煮沸后放入大米，继续煮滚 20 分钟后倒入鸡腿丝、香菇丝，煮 10 分钟左右至黏稠。
3. 放入小豌豆煮五分钟，加盐调味即可。

馒头热狗卷

材料（10个）

馒头自发粉 300 克，水 160 毫升，干酵母 3 克，广东香肠五根。

做法

1. 馒头自发粉、水、干酵母放入面包机搅拌，揉成均匀的面团。盖保鲜膜静置 20 分钟。
2. 按照 Day 4 中制作包子面团的方法操作压面步骤。压好的面团滚圆，分割成十等份，静置 15 分钟。
3. 广东香肠一切二。把小面团搓成长条形，绕在香肠上。放在蒸笼内自然醒发 45 分钟至一小时。
4. 按照 day 4 中制作包子的方法蒸熟即可。

小贴士

热狗肠可以选用荷美尔热狗，也可以用广东香肠。两种尝试比较下来，用广东香肠蒸出的馒头卷更香，味道更浓一些。

炝炒黑木耳

材料

(1) 食材：黑木耳一小把。
(2) 调料：葱姜蒜适量，干红辣椒一个，白芝麻一小勺，黄酒一大勺，生抽一大勺，蚝油一小勺，XO 干贝酱一小勺，醋一小勺，糖半小勺、麻油一小勺，葱姜少许。

做法

1. 黑木耳用冷水泡发两小时，洗净。
2. 洗净后的黑木耳放入一锅清水中，煮滚后继续焖煮一小时左右至软熟。捞出沥干。
3. 热油锅爆香蒜末、姜末、葱白、干红辣椒、白芝麻，放入黑木耳翻炒，下黄酒、生抽、蚝油、XO 干贝酱、醋、糖翻炒片刻。
4. 淋一小勺麻油，撒葱花，拌匀出锅装盘。

Day 44:
奶油南瓜汤＋
西多士＋帕尔玛火腿＋
金枪鱼蔬菜沙拉

奶油南瓜汤

材料

南瓜一大块，椰浆一大勺，淡奶油一小勺，盐和黑胡椒碎适量。

做法

1. 南瓜去皮洗净切小块，放小半锅水一起煮十分钟至酥烂。
2. 捞出南瓜，放进粉碎机里面打成糊状。
3. 锅里煮南瓜的水不要倒掉，把打好的南瓜糊倒回锅里，加椰浆一起煮，边煮边搅拌均匀。
4. 煮沸后加盐调味。
5. 出锅，淋上淡奶油，撒黑胡椒碎即可。

西多士

材料

面包吐司两片，花生酱适量，鸡蛋一个，盐一小撮，黄油或食用油20克，果酱或巧克力酱随意。

做法

1. 吐司切去边上的皮。
2. 吐司抹上花生酱后两片折叠在一起。
3. 一切二或者一切四。
4. 鸡蛋加盐打散，把吐司块放进蛋液沾匀。
5. 用黄油或者食用油把吐司块煎至两面金黄，淋果酱或者巧克力酱即可。

帕尔玛火腿

网购或进口生鲜超市购买。

金枪鱼蔬菜沙拉

材料

生菜一棵，番茄一个，罐装金枪鱼一大勺，橄榄油一大勺，苹果醋小半勺，盐少许，黑胡椒碎适量，丘比培煎芝麻沙拉汁一大勺，奶酪粉适量。

做法

1. 生菜、番茄洗净切块。
2. 油醋汁：橄榄油、苹果醋、盐、黑胡椒碎调匀即可。
3. 罐装油浸金枪鱼和生菜、番茄一起码放在盘中，淋上油醋汁和丘比培煎芝麻沙拉汁拌匀。
4. 装盘，撒黑胡椒碎和奶酪粉即可。

Day 45:
青菜肉丝荷包蛋面 ＋
细沙小圆子

青菜肉丝荷包蛋面

材料

(1) 食材：里脊肉丝小半碗，青菜一小把，鸡蛋一个，
高汤一大碗。
(2) 调料：黄酒、生抽适量，生粉一小勺，葱花、盐、
麻油适量，美极鲜酱油几滴。

做法

1. 里脊肉丝加黄酒一大勺，生抽一大勺，生粉一小勺，
葱花适量搅匀，搅拌的时候肉丝会慢慢变得又厚又黏
稠，此时可以分两次加两小勺水继续搅打，完成后放
冰箱冷藏腌制半小时或过夜。
2. 油锅烧热，下肉丝划散煸炒，变色后淋一小勺黄酒，
放一小勺生抽、糖一丁点，翻炒几下，盛起待用。
3. 高汤煮沸，青菜烫熟捞起，煎一个荷包蛋待用。
4. 面条煮熟。
5. 汤碗内放适量盐、麻油、葱花，冲入高汤，放入煮
熟的面条。把青菜、肉丝、荷包蛋码放在面条上面，
在荷包蛋上撒几滴美极鲜酱油即可。

细沙小圆子

材料

红豆沙一大勺，糯米小圆子一大勺。

做法

红豆沙加一小碗水煮滚，放入糯米小圆子，煮滚后用小火焖一会儿至小圆子体积膨胀，浮上来即可。

技高一筹

（一）自制糯米小圆子

材料

糯米粉两大勺，水适量。

做法

糯米粉两大勺，水适量搅拌成团，取适量面团在手心轻轻地搓圆即可。做好的圆子放在冰箱冷冻，随吃随取。

（二）自制红豆沙

材料

赤小豆 200 克，食用油两大勺，糖适量（甜度随个人喜好放）。

做法

1. 赤小豆浸泡一晚后加水煮至酥烂。

2. 煮好的赤豆连汤水一起舀入滤网篮内，下面垫盆，用勺子反复碾压赤豆，把豆沙都压到盆里，滤网内残留的豆壳废弃不用。

3. 不粘锅烧热，倒入两大勺食用油，放入滤好的红豆沙，加适量糖翻炒直至可捏成团状即可。

Day 46:
蟹粉丝瓜虾滑粥 +
迷你黄金芝麻球 +
炝炒海带丝

蟹粉丝瓜虾滑粥

材料（3 碗）
(1) 食材：鲜虾仁半斤，大米一杯，丝瓜一根，鸡蛋一个，蟹粉两大勺。
(2) 调料：黄酒一大勺，生粉两小勺，醋一小勺，盐和白胡椒粉适量。

做法
1. 虾滑：虾仁去肠洗净沥干剁成泥，加黄酒、盐适量、生粉、鸡蛋清一个反复搅打至黏稠上劲即可。也可以采购现成做好的虾滑。
2. 大米一杯洗净浸泡一夜。加大半锅水煮至黏稠。丝瓜洗净切滚刀块。
3. 中火加热使粥保持冒泡煮滚状态。用小勺一勺勺舀取虾滑放入粥里，然后放丝瓜，加盐和白胡椒粉调味，继续煮滚两分钟即可出锅。
4. 最后淋上炒好的蟹粉糊即可。（蟹粉的炒法详见 Day 11）

迷你黄金芝麻球

材料（12 个）

糯米粉 200 克，水适量，豆沙馅（做法详见 day45），白芝麻半小碗。

做法

1. 糯米粉加水捏成团状，干湿以捏成团放在手心不坍塌为宜，先加 120 克水，然后根据干湿情况慢慢加水调整。
2. 豆沙馅搓成小球。
3. 糯米面团十二等份，每小团轻轻搓成圆形，用右手食指顶住面团圆心，拇指按在面团表面，边按边转动面团，慢慢把面团整形成小碗状。
4. 包入豆沙馅收口，再轻轻搓圆，放在熟白芝麻里面滚一下，使麻球生胚均匀地沾满芝麻。
5. 迷你锅内倒小半锅油，小火烧至油温热时放入麻球慢慢煎至金黄，体积略膨胀即可。注意火不能大，油温不能过高，否则麻球会急剧膨胀而发生突然迸裂，造成热油四溅，容易烫伤。

小贴士

　　200 克糯米粉可以做大约 12 个乒乓球大小的麻球，生胚可以直接速冻冷冻，随吃随取。麻球馅也可以换成黄糖、白糖或者红糖。

炝炒海带丝

材料

干海带一把，葱姜蒜，干红辣椒，XO 酱一小勺，豆豉酱一小勺，生抽一小勺，黄酒一大勺，醋一小勺，糖一小勺。

做法

1. 干海带温水浸泡半小时后洗净，加清水煮熟（约 20 分钟），捞出沥干待用。
2. 烧热油锅，爆香蒜末、葱末、姜末、干红辣椒丁、XO 酱和豆豉酱，放入海带丝，继续煸炒一会儿。
3. 烹入黄酒、生抽、醋、糖，煮沸后收汁装盆
5. 出锅，淋上淡奶油，撒黑胡椒碎即可。

Day 47:
芋圆西米杏仁奶露 +
手抓饼

芋圆西米杏仁奶露

材料（1碗）

小西米一小勺，芋圆十颗，杏仁粉一大勺，炼乳一大勺，牛奶一杯。

做法

1. 小锅内水煮滚后放入小西米，煮滚后熄火，盖上锅盖焖 10 分钟。
2. 再次煮滚后熄火，加盖焖 10 ~ 20 分钟，直至小西米中间白色的硬芯消失就可以了。
3. 小西米放入冷开水中洗净黏液，沥干待用。
4. 芋圆放入滚水中煮两分钟左右至体积膨胀并浮起，捞出待用。
5. 锅里放杏仁粉、牛奶、炼乳，搅匀后煮沸，放入芋圆和小西米即可。

手抓饼

材料（2个）

中筋面粉 130 克，沸水 90 毫升，猪油 5 克，食用油 15 克，盐 1/4 小勺，生菜，培根，鸡蛋，芝士，甜辣酱。

做法

1. 沸水用绕圈方法倒入中筋面粉 100 克中，边倒边用橡皮刮刀搅拌，放入猪油、盐，稍稍冷却后捏成团。另取 30 克中筋面粉和食用油一起搅匀成油酥。把面团二等分后分别滚圆。如图①。
2. 面团擀成长舌状，涂上一层油酥，卷起来。再次擀成长舌状，同样抹上油酥，卷起后把面团竖起来，按扁待用。如图②~图①0。以上步骤可以提前一晚做好，用保鲜膜包起来存放在冰箱冷藏，方便第二天早上取用，节约时间。
3. 生菜洗净沥干，鸡蛋打散加一丁点盐煎熟，培根煎熟。
4. 把按扁待用的面团擀成薄圆饼形状，用少许油煎至两面金黄。依次铺上生菜、鸡蛋、培根和芝士，撒甜辣酱，折叠起来即可。

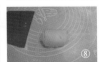
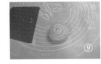
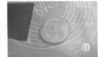

小贴士

如果嫌自己和面做饼胚麻烦，也可以在超市买冷冻的印度飞饼代替。

Day 48:

橄榄油焖菌菇杂蔬 +
芝士煎蛋卷 + 佛卡夏 +
热巧克力

橄榄油焖菌菇杂蔬

材料（1人份）

(1) 食材：海鲜菇，白玉菇，姬菇，白灵菇各一小把，
新鲜松茸两个。芦笋嫩尖三根，西葫芦 1/4 根，圆茄
1/4 根。
(2) 调料：橄榄油两小勺，盐和黑胡椒适量。

做法

1. 菌菇切小片，加橄榄油一小勺，盐一小撮拌匀，码
放在平底锅的一边。
2. 西葫芦和圆茄切片，同样用橄榄油一小勺，盐一小
撮拌匀，码放在平底锅的另一边。
3. 往锅子里的材料上均匀地撒上黑胡椒碎，淋一大勺
水，盖上锅盖，用中小火焖烧约 5 分钟。
4. 最后放芦笋，再焖烧一分钟，出锅装盘即可。

芝士煎蛋卷

材料

鸡蛋一个，牛奶一大勺，马苏里拉芝士碎一大勺，盐适量。

做法

1．鸡蛋和牛奶混合，加一小撮盐，用蛋抽搅打均匀。
2．平底不粘锅里放一小勺油，小火加热至锅上方微热后把火调成绿豆大小，放入蛋液，摊成圆饼形状，在蛋液未完全凝固时撒芝士碎，如图①。
3．折叠蛋饼，一折三，如图②。
4．继续用绿豆大小的火加热一会儿就可以了。

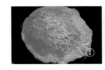
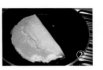

佛卡夏

材料

(1) 饼底材料：高筋面粉 200 克，糖 10 克，干酵母 4 克，水 110 毫升，橄榄油 20 克，盐 1 克。
(2) 表面材料：橄榄油一大勺，培根一片，黑橄榄、黑胡椒、盐、蒜香粉、迷迭香等混合香料适量。

做法

1．酵母和水混合在一起，静置 5 分钟。
2．酵母水和高筋面粉、糖、盐混合在一起放入面包机搅拌 10 分钟后加入橄榄油，继续搅拌成均匀的面团如图①。
3．面团盖保鲜膜，置于常温下基础发酵 60 分钟。
4．面团取出滚圆，盖保鲜膜松弛 15 分钟后用擀面杖把面团擀成一个圆饼，如图②。
5．在面饼上用叉子戳出小洞，刷上橄榄油，撒香蒜粉，黑胡椒碎和混合香料，最后撒上培根碎和黑橄榄，如图③和图④。
6．最后发酵 30 分钟，烤箱预热至 180 度，置于中层烤 20 分钟即可，如图⑤。

热巧克力

材料

巧克力粉一大勺，沸水一大勺，热牛奶一杯，淡奶油一大勺，糖适量。

做法

巧克力粉加沸水搅拌均匀，冲入热牛奶，加淡奶油和糖调匀即可。

Day 49:

煎小牛排肉烤芦笋土豆＋裸麦核桃橘皮丁面包＋热巧克力

煎小牛排肉烤芦笋土豆

材料

(1) 食材：芦笋五根，土豆一个，小牛排肉三片。
(2) 调料：橄榄油一小勺，盐和黑胡椒碎适量。

做法

1. 芦笋洗净，刨去硬皮老茎 。土豆刷洗干净切成小块（不用去皮）。
2. 橄榄油加黑胡椒碎、盐拌入芦笋和土豆中，腌制一晚。
3. 沥去水分，码放在烤盘中。

4. 烤箱预热 250 度，烤 20 分钟即可。

5. 小牛排肉洗净沥干，用纸巾吸去水分，放入热油锅中用中大火煎熟，两面各煎半分钟即可。

6. 把煎好的牛排肉码放在烤好的蔬菜上，撒适量的盐和黑胡椒碎即可。

裸麦核桃橘皮丁面包

材料

安琪全麦面包预拌粉 350 克，鸡蛋一个，牛奶 70 毫升，温水 70 毫升，即发干酵母 5 克，盐 3 克，黄油 25 克，核桃仁一把，蜜渍干橘皮丁一把。

做法

1. 即发干酵母倒入温水中，静置 10 分钟至表面起细小的泡沫。

2. 除黄油和酵母水以外，所有材料放入面包机中，加入酵母水，启动搅拌和面程序一次。

3. 搅拌完成后加入黄油，再次启动搅拌和面程序一次，搅拌成一个具有延展性的面团。然后加入核桃仁和橘皮丁，用慢速搅拌 10 分钟，使干材料均匀地混合到面团中。

4. 面团留在面包机中进行基础发酵 80 至 90 分钟、至面团体积膨胀至两倍大。见图①。

5. 取出面团，揉捏排气，把面团整成橄榄球形状。见图②。

6. 烤盘内垫油纸，往面团撒上一些干面粉，上面盖保鲜膜，放入烤箱，进行二次发酵约 45 分钟到一小时（在烤箱内放一盆热水以增加发酵温度），见图③和图④。

7. 二次发酵完成后取出面包胚，烤箱预热 180 度后放中层烤 25 分钟。

8. 取出烤好的面包，冷却后切片即可食用。

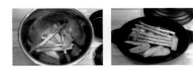

热巧克力

做法详见 Day 48。

早安宝贝

Day 50:
海参干贝粥 +
烤培根煎蛋 +
手撕包菜 +
椰香冻奶糕

海参干贝粥

材料（3 碗）

水发海参 4 根，大米一杯，干贝 10 粒，食用油一小勺，葱花、盐、白胡椒粉适量。

做法

1. 水发海参煮酥后切小块。大米洗净浸泡一晚。干贝用一大勺水浸泡一晚。
2. 全部材料放进锅里，加大半锅清水、一小勺食用油煮 30 分钟左右至黏稠，加适量盐调味，撒白胡椒粉和葱花即可。

烤培根煎蛋

材料

培根两片，鸡蛋一个，生抽适量。

做法

1. 培根两片放入烤箱内，用 220 度烤 20 分钟装盘。
2. 不粘锅内放一小勺油，烧热后磕入鸡蛋，煎一个荷包蛋。
3. 装盘后在荷包蛋上撒几滴生抽即可。

手撕包菜

材料
(1) 食材：卷心菜或牛心菜半棵，开洋（虾干）6 个。
(2) 调料：豆豉酱一小勺，XO 干贝酱一小勺，花椒 5 粒，黄酒一大勺，生抽一大勺。

做法
1. 包菜洗净撕成片状。
2. 锅里倒一大勺油烧热，放入豆豉酱、XO 干贝酱、花椒、虾干煸香。
3. 放入包菜用大火继续煸炒，淋黄酒、一大勺水加盖焖烧半分钟，放生抽调味，翻炒均匀后立刻出锅装盘。

椰香冻奶糕

材料（4 个）
牛奶 100 毫升，低筋面粉 20 克，椰浆 30 克，淡奶油 20 克，炼乳一大勺，椰蓉一大勺，吉利丁片半片（约 3 克），斑兰叶十片，竹签若干。

做法

（一）椰香冻奶糕
1. 低筋面粉放入奶锅，先加少许牛奶搅拌成均匀的面糊，然后把剩余的牛奶全部倒入搅匀。继续加入椰浆、炼乳、淡奶油拌匀。
2. 吉利丁片用冷开水泡软。
3. 小火加热做法 1 得到的面糊，边加热边搅拌，直至面糊变成黏稠的膏状，并且开始冒气泡，关火，冷却 10 分钟。
4. 加入泡软的吉利丁片拌匀。冷却待用。

（二）斑兰叶盛器
1. 斑兰叶洗净沥干。取一片叶子，切去两头较硬的杆叶，从中间竖着一剖二，如图①和图②。
2. 按照图③和图④的方法折四折。折的长度和整张斑兰叶的宽度相当就可以了。
3. 松开手，按照折痕把叶子整成正方形，用竹签固定，如图⑤。
4. 另取一张斑兰叶做底，按照图⑥的方法折叠，剪去多余的部分，用竹签固定。最后得到图⑦所示的方形盛器。

（三）装模
最后把冷却后的奶糊填进斑兰叶盒子里，上面撒上椰蓉。放进冰箱冷藏两小时或一晚即可食用。

Day 51:
番茄金针菇肥牛面 +
咖喱鱼蛋 +
冰糖百合炖雪梨

番茄金针菇肥牛面

材料（1碗）

(1) 食材：番茄一个，金针菇一把，肥牛片三片，牛骨汤一大碗，面条一把。
(2) 调料：生抽一小勺，香葱、盐和黑胡椒粉适量。

做法

1. 番茄一个洗净切大块，起油锅煸炒一下，加两大勺水把番茄块烧软，挑去番茄皮，用锅铲把番茄捣烂成糊状待用。
2. 面条煮熟后捞起盛放在面碗中。
3. 牛骨汤煮沸，放入番茄糊煮滚，再放洗净的金针菇稍煮片刻，放入肥牛片，煮滚后立刻熄火，淋生抽，撒盐和黑胡椒粉调味。
4. 把煮好的汤料淋到面条上，撒香葱即可。

咖喱鱼蛋

材料

鱼蛋6个，咖喱块一块。

做法

1. 锅里放一杯水煮沸，放入鱼蛋。
2. 煮滚后放好侍咖喱块一块，继续煮至汁水浓稠即可。

冰糖百合炖雪梨

材料

梨一个，鲜百合半个，冰糖3粒。

做法

雪梨去皮切块，鲜百合洗净放入奶锅中，加水和冰糖炖15分钟即可。

早安宝贝

Day 52:
鸡蛋火腿三明治＋
奶油蘑菇汤

鸡蛋火腿三明治

材料（4 小个）

吐司两片，鸡蛋一个，火腿片一片，生菜一片，芝士一片，番茄一个，黄油 10 克，沙拉酱。

做法

1. 吐司单面抹黄油，放进预热至 180 度的烤箱，烤 5 分钟。
2. 鸡蛋一个打散煎熟，番茄切薄片。
3. 烤好的吐司一片放底下，依次码放生菜、煎蛋、番茄、芝士和火腿片，淋沙拉酱。然后把另外一片吐司叠放在上面，如图①。
4. 用 4 根牙签插在吐司上固定，切去超过吐司块边缘多余的材料，用锯齿刀把三明治一切四，如图②和③。
5. 用蛋糕纸模托底，码放在盘中即可。

奶油蘑菇汤

材料（2 碗）

蘑菇五个，洋葱小半个，香芹一小把，胡萝卜一根，低筋面粉 20 克，黄油 10 克，淡奶油 20 克，胡椒碎少许。

做法

1. 胡萝卜切大块，香芹一小把放在锅里，加半锅清水，大火煮沸后用中火焖煮 10 分钟。捞起胡萝卜和香芹扔掉，留蔬菜清汤待用。
2. 锅里放黄油烧热，筛入低筋面粉炒香后关火。先加一小勺蔬菜清汤搅匀，然后再慢慢一勺勺往面糊里加汤，边加边搅拌均匀，防止面糊结块。一直加到面糊变稀，留稀面糊待用。
3. 洋葱切小丁，放入油锅煸香，然后放入蘑菇片继续煸炒至出水。把煸好的洋葱和蘑菇连汤水一起放进粉碎机里面打成泥。
4. 把前三步做好的蔬菜清汤、黄油稀面糊和洋葱蘑菇泥混合在一起，煮滚后加淡奶油搅匀，加适量盐调味，出锅装盘，撒胡椒碎。

早安宝贝

Day 53:
青菜肉丝炒面 +
百叶包鱼面筋汤 +
水果沙拉

青菜肉丝炒面

材料（1碗）

肉丝100克、青菜一把、麻油、生抽、老抽、黄酒、葱花、糖适量。

做法

1. 肉丝加生抽一大勺，淀粉一小勺，黄酒一小勺，葱花适量搅匀腌制半小时或过夜。
2. 粗面条煮熟捞起，用一小勺麻油拌匀以防止粘连。
3. 热油锅先煸炒肉丝，然后下青菜煸炒几下，放煮熟的粗面条继续煸炒，加两大勺水防止太干而粘锅，放黄酒一大勺、老抽一大勺、糖一小勺调味炒匀，收干汁水即可装盘。

百叶包鱼面筋汤

材料（1碗）

百叶包一个，鱼面筋两个，高汤一大碗，盐和香葱适量。

做法

1. 高汤一大碗煮沸，放入鱼面筋和百叶包，煮滚后用小火焖几分钟至所有材料略膨胀并浮起。
2. 加盐调味，撒香葱即可。

水果沙拉

材料

猕猴桃、香蕉、梨、橙等各色水果适量，蜂蜜和炼乳适量。

做法

各色水果去皮切小块，码放在碗里，淋上适量蜂蜜和炼乳即可。

小贴士

容易变色生锈的水果如苹果、梨等切块后用淡盐水浸泡一下，就可以防止氧化变色。

Day 54:
腊八粥＋
松子肉松饼＋
宁波熸菜

腊八粥

材料

血糯米半杯，白米半杯，桂圆肉、莲心、松子、花生、
赤豆、红枣适量，食用油一大勺。

做法

1. 红枣剪开去核。
2. 所有材料淘洗干净，浸泡一晚。
3. 锅子里面水加至八分满，放入所有材料和食用油，
大火煮滚后改中火继续煮至黏稠即可，约45分钟。

松子肉松饼

材料（8个）

(1) 饼皮：中筋面粉210克，鸡蛋一个，油25克，糖10克，盐2克，沸水70毫升。
(2) 馅料：肉松150克，熟松子一大勺，白芝麻适量。

做法

1. 沸水用绕圈方式倒入中筋面粉中，边倒边搅拌成松散的颗粒，然后放入鸡蛋、油、糖、盐揉面，揉成一个均匀柔软的面团。
2. 双手沾取少许油操作，把大面团滚圆后八等分。每份面团滚圆按扁，擀成薄圆片，包入肉松和炒熟的松子，注意馅料要尽可能多包一些，然后收口向下按扁，表面沾白芝麻，放在烤盘上。
3. 烤箱预热190度，饼胚放在中层烤20分钟即可。

小贴士

此配方的肉松饼饼皮非常柔软，即使是新手也很容易整形操作，做出来的成品口感比较松脆。如果喜欢酥油千层的口感，可以把饼皮的制作配方改为和鲜肉月饼的油酥饼皮同法制作，详见 Day 23。

早安宝贝

宁波㸆菜

材料

青菜一斤，黄酒一大勺，老抽一大勺，冰糖8小粒。

做法

1. 青菜一斤洗净沥干即可，不切小。
2. 锅里放一大勺食用油，烧热后放入青菜煸炒。然后放入黄酒、老抽、冰糖、一大勺水，加盖用中火焖烧20分钟左右，至青菜缩至细条状，颜色乌红，色泽晶亮，剩少许汁水即可。

Day 55:
南瓜蟹粉面疙瘩

南瓜蟹粉面疙瘩

材料（2碗）

(1) 面疙瘩材料：中筋面粉 100 克，水 100 毫升，油一小勺。

(2) 其余材料：蟹粉两大勺，南瓜 200 克，生姜两片，黄酒一大勺，醋半小勺，生粉一小勺，盐适量。

做法

1. 面粉、水、油拌匀并搅至上劲。

2. 生姜切成细末，用热油煸香，然后加入拆好的蟹粉继续煸炒，放黄酒、醋、盐一丁点调味。最后用生粉兑一大勺水调成水淀粉，倒入蟹粉中勾薄芡，煮滚后熄火。

3. 高汤煮沸，放入南瓜块煮 5 分钟，用中火使汤保持沸腾冒小泡状态，用小勺把面糊一勺勺舀入汤里，待所有面疙瘩浮起后加适量盐调味。

4. 在煮好的面疙瘩汤上撒上煸炒好的蟹粉糊和香葱即可。

早安宝贝

Day 56:

咸腊八粥 ＋
煎糖年糕 ＋
牛油果杂果沙拉

咸腊八粥

材料

咸肉 100 克，香肠一根，虾干 8-10 个，白扁豆一大勺，白米一杯，芹菜一小把，胡萝卜一根，香菇三朵。

做法

1. 白米淘洗干净，和白扁豆、虾干一起浸泡一晚。
2. 咸肉、香肠、芹菜、胡萝卜、香菇切小块待用。
3. 除芹菜外所有材料放进锅里，加水至九分满。大火煮沸后改中火煮 40 分钟左右至黏稠，食用前放入芹菜煮沸半分钟即可。

小贴士

　　咸肉、虾干、香肠本身比较咸，所以粥里就不用再加盐调味了。

煎糖年糕

做法

沈大成桂花糖年糕切成薄片，放进热油中煎至两面金黄即可。

牛油果杂果沙拉

材料

牛油果一个，炒熟山核桃、榛果、杏仁适量，提子干，蔓越莓干，蓝莓干少许，小柠檬一个，橄榄油一小勺，盐和黑胡椒碎少许。

做法

1. 牛油果切小块，撒几滴柠檬汁略拌。
2. 炒熟的核桃、榛果、杏仁用捣臼捣碎。
3. 把步骤 1 和 2 准备好的材料和提子干、蔓越莓干、蓝莓干混合在一起，放橄榄油、撒一丁点盐和黑胡椒碎少许拌匀即可。

Day 57:
黄油焗蜗牛 +
香蒜烤吐司 +
白玉菇蟹肉棒炖蛋

黄油焗蜗牛

材料

(1) 食材：去壳蜗牛 10 个，蘑菇 1 个，火腿 1 片，冬笋小半个，鸡蛋 1 个。
(2) 调料：黄油 10 克，盐、蚝油、鱼露、黄酒、胡椒粉适量。

做法

1. 冬笋焯水后切小丁，蘑菇和火腿片切小丁。锅里放黄油，烧热后把三丁煸香，撒一丁点盐调味待用。

2. 蜗牛洗净后切小块，用一小勺蚝油、一小勺鱼露、一小勺黄酒、半个鸡蛋清、胡椒粉一丁点拌匀，腌制半个小时或者一晚。
3. 把做法 1 和 2 准备好的材料混合在一起拌匀，码放到烤盘中。
4 烤箱预热 220 度，置于中层烤 15 分钟即可。

小贴士

　　做法 1 和 2 可以提前一晚准备好，这样第二天一早起来只要直接把材料送进烤箱就可以了，省时省力。

香蒜烤吐司

材料

吐司两片，橄榄油，香蒜粉，盐适量。

做法

1. 吐司两片，单面抹上橄榄油。
2. 撒上香蒜粉和一丁点盐。
3. 烤箱预热 180 度，烤 10 分钟即可。

白玉菇蟹肉棒炖蛋

参照 Day 29 中炖鸡蛋羹做法。

Day 58:
豆浆泡饭 +
鱼香肉丝夹春饼 +
青菜炒蘑菇

豆浆泡饭

材料
淡豆浆一杯，白米饭一碗。

做法
白米饭加半杯水，一杯豆浆一起放进锅里，大火煮沸后改小火焖煮 10 分钟即可。

鱼香肉丝夹春饼

材料

（一）蒸春饼（8个）

中筋面粉 200 克，温水 110 毫升，盐 1 克。

（二）鱼香肉丝

(1) 食材：里脊肉丝半碗，水发木耳三朵，胡萝卜三片，冬笋半个，薄皮青椒半个。

(2) 调料：生抽，老抽，蚝油，醋，糖，辣椒酱，生粉，黄酒，葱姜蒜适量。

做法

（一）蒸春饼

1. 中筋面粉、温水、盐全部混合，揉成均匀的面团，如图①。
2. 面团表面盖保鲜膜，置于室温下静置 30 分钟。然后把面团八等分，滚圆，如图②。
3. 把小圆面团按扁后擀成薄圆片，越薄越好，如图③。
4. 蒸锅内水煮滚，蒸笼底部抹油。把薄圆面片放入蒸锅里蒸 30 秒取出。擀一片蒸一片，如图④。
5. 蒸好的面饼可以折叠起来放冰箱冷冻储存，吃的时候拿出来蒸一下就可以了，如图⑤。

（二）鱼香肉丝

1. 肉丝加一大勺黄酒、一大勺生抽、一小勺淀粉和葱花腌制半小时。
2. 冬笋去壳对剖一切二，焯水后取一半切成细丝待用。水发木耳煮熟切丝，薄皮青椒、胡萝卜切成细丝。
3. 取生抽一大勺，老抽一大勺，蚝油一小勺，醋一小勺，糖一小勺，辣椒酱一小勺，生粉一小勺，加两大勺水调匀成调味汁待用。
4. 一大勺油放进锅里烧热，放入葱姜蒜末煸香后放肉丝煸炒，肉丝变色后盛起待用。
5. 锅洗净，放一大勺油烧热，依次放入胡萝卜丝、笋丝和木耳丝煸炒，然后放入前面煸好的肉丝继续煸炒，烹入一大勺黄酒，加一大勺水煮滚，再放入青椒丝炒匀。
6. 最后放调味汁边煮边翻炒，煮滚后立刻关火，出锅装盘。

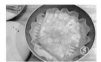

青菜炒蘑菇

做法略

Day 59:
八宝辣酱面 +
香煎玉米馒头片

八宝辣酱面

材料

(1) 食材：猪里脊肉一条，冬笋一个，豆腐干 3 块，
虾仁 10 个，香菇 4 朵，土豆一个，熟花生仁一大勺，
鸭胗两个，鸡蛋一个，面条适量。
(2) 调料：郫县豆瓣酱，辣油，甜面酱，生抽，蚝油，
盐，糖，黄酒，生粉，葱适量。

做法

（一）八宝辣酱

1. 猪里脊肉切小丁，搁生抽一大勺、黄酒一大勺、生
粉一小勺、葱花少许腌制半小时。同法腌制鸭胗，调
料减半。
2. 虾仁去肠洗净后沥干，用纸巾吸干里面的水分，加
适量盐、生粉一小勺、鸡蛋清半个搅匀，腌制半小时。
3. 冬笋焯水后切小丁。土豆切小丁煮熟。豆腐干、香菇切小丁待用。

4. 热油锅煸香郫县豆瓣酱一大勺，然后放入猪里脊、鸭胗煸炒出香味后盛起。

5. 另起油锅，依次放入香菇、豆腐干、土豆、冬笋煸炒出香味，然后放入猪里脊丁和鸭胗炒匀，放甜面酱两大勺、蚝油一大勺、糖两小勺、辣油一大勺调味，加三大勺水焖煮两分钟。

6. 生粉加一大勺水调匀，倒入锅里勾芡煮滚，撒熟花生仁拌匀后即可出锅装盘。

7. 取一口深奶锅，倒两大勺油，烧热后放入虾仁过油约20秒，立刻取出，码放在炒好的辣酱上即可。

（二）辣酱面

1. 高汤煮沸，加盐调味。

2. 生菜焯水待用。

3. 面条煮熟码放在大碗里，淋上高汤、八宝辣酱浇头和生菜即可。

香煎玉米馒头片

材料

安琪玉米窝窝头预拌粉350克，温水190毫升，油20克，糖10克，酵母5克，鸡蛋一个，盐少许。

做法

（一）玉米馒头

1. 酵母放在温水里面泡5分钟。

2. 把安琪玉米窝窝头预拌粉、酵母水、糖、油一起放进面包机，启动和面程序20分钟，揉成一个光滑的面团。盖保鲜膜静置15分钟。

3. 压面。（见 Day 4 中肉包的压面方法）

4. 把大面团八等分，滚圆，放进蒸笼，盖上盖子，进行最后发酵45分钟至一小时。

5. 冷水起蒸，先小火蒸5分钟，然后大火蒸10分钟，最后改小火蒸五分钟。蒸好以后等10分钟稍冷却后再开盖，防止馒头起皱皮。蒸好的玉米馒头可以放在冰箱冷冻储存，食用前蒸热即可。

（二）香煎馒头片

1. 一个鸡蛋加少许盐打散。馒头切片。

2. 把馒头片放在蛋液里面蘸一下，使两面都沾满蛋液，然后放进热油锅中用小火煎至两面金黄即可。

Day 60:
荠菜冬笋肉丝年糕汤 +
草莓苹果挞

荠菜冬笋肉丝年糕汤

材料

(1) 食材：荠菜一把，肉丝100克，冬笋半个，蘑菇三个，年糕一小碗，高汤一大碗。

(2) 调料：生抽一大勺，黄酒一小勺，生粉一小勺，盐适量。

做法

1. 肉丝加生抽、黄酒、生粉拌匀，腌制半小时。
2. 荠菜洗净择去老茎，冬笋焯水后切成片，蘑菇切片。
3. 年糕从冰箱里取出，用温水泡开防黏连。
4. 热油锅先煸炒肉丝，变色后放入蘑菇片和冬笋片继续煸炒一会儿，放入高汤煮沸。（如果没有高汤，改放清水也是很鲜美的。）
5. 放入年糕煮至软熟，加盐调味。
6. 最后放荠菜，煮滚后立刻熄火。

草莓苹果挞

材料（5个）

(1) 挞皮：低筋面粉50克，黄油25克，糖10克，鸡蛋液20克。

(2) 苹果馅：苹果2个，黄油10克，糖10克（或麦芽糖两小勺），朗姆酒10毫升。

(3) 装饰：草莓一个，蜂蜜一大勺。

做法

1. 黄油25克隔温水软化，放入低筋面粉50克，糖10克，打散打匀的鸡蛋液20克，用硅胶搅拌刀拌成一个均匀的面团。
2. 把黄油面团五等分，搓圆。
3. 按扁，放在挞模当中。
4. 用拇指把挞皮按开，使挞皮均匀地铺满整个模具。
5. 用擀面杖把超出挞模的面皮刮去。
6. 挞皮完成。
7. 苹果两个切成小丁。不粘锅内黄油烧热，放入苹果丁，加10克糖，朗姆酒10毫升，水50毫升，用小火煮15分钟左右至苹果酥软，体积明显缩小，收干汁水冷却待用。
8. 苹果馅填入挞皮内，烤箱预热180度，放在中下层烤25分钟（用核桃仁拌蜂蜜做挞馅就是核桃挞了）。最上层放草莓片，抹上蜂蜜做装饰。

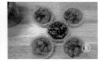

早安宝贝

Day 61:
生滚银鳕鱼粥 +
八宝饭 +
醋渍黄瓜裙带菜

生滚银鳕鱼粥

材料

(1) 食材：银鳕鱼一片，白米一杯。
(2) 调料：鱼露一小勺，黄酒一小勺，食用油一小勺，盐、白胡椒粉、姜、葱适量。

做法

1. 银鳕鱼去骨，斜刀切成小片，放鱼露、黄酒，撒一点胡椒粉，腌一晚。
2. 白米洗净浸泡一晚。
3. 白米加两大碗水和一小勺食用油煮至黏稠（约20分钟），放入腌制好的银鳕鱼片煮5分钟，加盐调味，撒一点白胡椒粉。
4. 银鳕鱼粥出锅后在粥上放一点切细的姜丝和香葱末即可。

八宝饭

材料（2 个）

糯米一杯，红豆沙一小碗，蜜枣、桂圆干、提子干适量，黄油 10 克。

做法

1. 自制红豆沙，详见 Day 45 小贴士。
2. 糯米一杯洗净，加 3/4 杯水蒸熟。蜜枣、桂圆干、提子干蒸软。
3. 小圆碗里面抹上黄油。
4. 蜜枣去核切成小片，和其他果干一起码放在碗底。
5. 先放一层糯米饭，按紧实，再放一层豆沙和果干。糯米饭比较黏手，手上蘸一点水就容易操作多了。
6. 最后再放一层糯米饭，按紧实。
7. 把小圆碗倒扣在盘中，蒸 20 分钟即可。不立刻食用的话可以用保鲜膜包起来放冰箱冷冻储存。

醋渍黄瓜裙带菜

材料

(1) 食材：干裙带菜一大勺，黄瓜一根。
(2) 调料：鱼露一小勺，生抽一小勺，醋一小勺，蜂蜜一小勺，麻油一小勺。

做法

1. 干裙带菜用冷水泡开，洗净，放进开水里面煮两分钟，捞出后在冷开水里面浸泡一下，沥干待用。
2. 黄瓜洗净，切小块。
3. 混合黄瓜和裙带菜，放鱼露、生抽、醋、蜂蜜、麻油拌匀。
4. 静置十分钟后沥去水分，装盘即可。

Day 62:

爆鳝面 +
桂花杏仁豆腐

爆鳝面

材料

(1) 食材: 鳝丝一斤, 茭白半根, 香菇一朵, 红彩椒 1/4 个,
青椒 1/4 个, 面条 1 把。

(2) 调料: 姜, 蒜, 生抽, 老抽, 黄酒, 胡椒粉, 醋, 糖,
盐, 麻油, 生粉适量。

做法

1. 鳝丝用盐擦洗一下，冲洗干净，切成段，用生抽一大勺，胡椒粉、姜末适量，加一小勺生粉腌制半小时。
2. 香菇、茭白、红椒、青椒切成细丝。
3. 把腌好的鳝丝放进热油里煎炸5分钟，捞出沥干待用。
4. 用生粉一小勺，生抽一大勺，老抽一大勺，糖一小勺，醋一小勺，麻油一小勺，水一大勺拌匀成调味汁。
5. 炒锅里放一大勺油，把香菇丝和茭白丝放进锅里煸炒，然后放青椒红椒丝炒几下立刻出锅盛起待用。
6. 炒锅洗净擦干，放一大勺油，先煸香姜丝和蒜末，然后放入鳝丝煸炒，烹一大勺黄酒，放入香菇茭白青红椒丝炒匀，倒入调味汁煮滚即可出锅装盘。
7. 面碗内放生抽和麻油，倒入高汤或开水，放入煮熟的面条，把爆炒鳝丝码放在面上，撒香葱即可。青菜烫熟淋酱麻油做配菜。

桂花杏仁豆腐

材料

纯杏仁粉50克，淡奶油30克，炼乳30克，水250毫升，吉利丁片两片（10克），糖桂花酱两小勺。

做法

1. 吉利丁片放在冷开水里面泡软后立刻捞起。
2. 杏仁粉、炼乳、淡奶油混合在一起，先加一点点水调匀，再把剩余的水全部加入搅拌均匀。
3. 小火加热杏仁奶至煮沸，立刻关火，室温冷却10分钟。
4. 在煮好的杏仁奶里加入泡软的吉利丁片，搅拌片刻，使吉利丁片均匀地融化在杏仁奶中。
5. 保鲜盒里铺一层保鲜膜，把杏仁奶倒进去，冷藏几个小时后取出来脱模。
6. 用饼干模按出花样，用硅胶刀小心地铲起杏仁豆腐，码放在盘中。
7. 糖桂花酱加一勺水调稀，淋在杏仁豆腐上即可。

小贴士

　　如果嫌脱模麻烦，也可以把熬好的杏仁奶直接倒进布丁碗中，吃的时候淋上糖桂花汁就可以了。

早安宝贝

Day 63:
咸豆浆＋烤箱版油条＋菜包子＋泡饭＋四小样

咸豆浆

材料（1 碗）
淡豆浆一杯，虾皮一小勺，紫菜一小撮，油条三分之一根，榨菜碎一小勺，辣油，生抽，麻油，葱花适量。

做法
1. 在汤碗中码放虾皮、紫菜、榨菜碎、油条碎、葱花，放一小勺生抽、小半勺辣油、小半勺麻油。
2. 豆浆煮滚，冲进汤碗里即可。

烤箱版油条

材料
清美无矾油条一根

做法
清美无矾油条切成三段，放进烤箱，用 190 度烤 10 分钟即可。

菜包子

材料（16 个）

（1）馅料：青菜一斤，煮熟黑木耳半小碗，冬笋一个，香菇五个，生抽、盐、糖、麻油、鲍鱼汁适量。

（2）包子面团：馒头自发粉 300 克，加清水 150 毫升，干酵母 3 克，食用油一小勺。

做法

1. 青菜烫熟后在冷水里漂洗一下，捏干水分，切细后挤去水分，如图①左。

2. 黑木耳浸泡两小时后洗净，煮半小时至熟透，晾凉。沥干后切细。

3. 冬笋切去根部老头，焯水后冲洗一下，切成细末。香菇切细，如图①右。

4. 所有材料混合在一起，放适量的生抽、盐、糖、麻油、鲍鱼汁拌匀，如图②。

5. 馒头自发粉加清水、干酵母、食用油放入面包机，启动和面程序和成一个均匀的面团，如图③。

6. 面团和好以后留在面包机内静置 15 分钟后取出。把面团滚圆，然后用压面机把面团反复延压（约三次），把原本粗糙的面团和成光滑的面皮。如果没有压面机，也可用擀面杖反复擀压，尽量将面团内的气泡擀出（否则，蒸好的包子表面会起麻皮或者凹陷）。

7. 把压好的面团滚圆，分割成十六等份，把每份面团滚圆，盖上保鲜膜静置 10 分钟，如图④。

8. 用擀面杖把小面团擀成薄圆片，包入馅料，整形收口，如图⑤—7。

9. 包好的包子放在蒸笼内，底部铺防粘油纸或者湿布。进行最后发酵约 45 分钟至一小时，如图⑧。

10. 冷水起蒸，先用小火蒸 5 分钟，然后改大火蒸 10 分钟，最后再用小火蒸 5 分钟，蒸完立即关火，不要打开蒸笼盖子（否则包子容易塌陷），等 10 分钟稍稍冷却后再开盖。

小贴士

包子可以一次多做一些，放进冰箱冷冻，吃的时候取出用大火蒸 15 分钟即可。

泡饭＋四小样

（苔条花生、肉松、咸鸭蛋、毛豆炒萝卜干）

做法略

Day 64:
片儿川汤面 +
奶油芝士土豆泥 +
冰糖雪梨炖
百合莲心枸杞

片儿川汤面

材料（3碗）

冬笋一个，雪菜一包，猪里脊肉一条，面条半斤，葱，
生抽，黄酒，盐，生粉适量。

做法

1. 猪里脊肉切片或切丝，放生抽一大勺、黄酒一小勺、
生粉一小勺、葱花适量腌制一会儿。
2. 雪菜切细，冬笋焯水后切片。
3. 热油爆香肉丝，然后放冬笋和雪菜一起煸炒出香味，
加一大碗清水，大火煮沸几分钟，放适量盐和糖调味。
4. 另取一口锅煮熟面条后捞起，把面条码放在面碗里。
5. 淋上雪菜肉丝笋汤，撒一些葱花即可。

奶油芝士土豆泥

材料

土豆一个，奶油沙司调味粉，马苏里拉奶酪，淡奶油，盐。

做法

1. 土豆去皮洗净后切成小块，加半锅水和一丁点盐，
煮至酥烂。
2. 沥去锅里多余的水分，用硅胶刀把已经煮到酥烂的
土豆压成泥。
3. 在土豆泥中拌入一大勺马苏里拉奶酪丝，放进烤碗
中，再在表面撒一层奶酪丝。放进烤箱，用 200 度烤
15 分钟，表面上色成金黄色后须加盖锡纸放焦。
4. 奶油沙司调味粉 18 克，加水 140 毫升，调匀煮沸后
加入 35 克淡奶油，煮滚后熄火。
5. 把奶油沙司酱淋在烤好的土豆泥上即可。

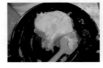

冰糖雪梨炖百合莲心枸杞

材料

梨一个，鲜百合一个，莲心几颗，枸杞一小勺，冰糖
适量。

做法

1. 莲心浸泡一晚，梨切小块，鲜百合剥开洗净。
2. 莲心和梨放进锅里，加两杯水，冰糖三到四颗，大
火煮沸后改中火炖 15 分钟。
3. 放入鲜百合和枸杞再煮 5 分钟即可。

Day 65:

卤汁拌米粉 +
玉米汁(非豆浆机版) +
棉花蛋糕

卤汁拌米粉

材料

干米粉一把，卤牛肉一大勺，酸豆角、酸笋、榨菜、花生米各一小勺，青菜一小把，辣椒油、醋、葱花适量见图①。

做法

1. 卤牛肉做法，详见 Day 36。
2. 干米粉浸泡两至三小时。
3. 锅里水煮滚后放入米粉，煮5分钟后关火，焖5分钟，用筷子夹断中间无白色硬芯即可。
4. 捞出米粉，用冷开水洗去黏液，沥干后拌入一大勺

食用油待用，如图②（以上步骤可以提前一晚做好冷藏保存）。

5. 前一晚预备好的米粉放在沸水里面涮烫一下，捞出沥干，码放在面碗里。青菜烫熟。

6. 在米粉上淋卤牛肉和卤水汤汁，放上烫熟的青菜、榨菜碎、酸笋、酸豆角、花生米，淋一小勺辣椒油和一小勺醋即可。

玉米汁（非豆浆机版）

材料
甜玉米三个。

做法
1. 把甜玉米粒切下来，加水煮熟后晾至微凉。
2. 连玉米带水一起放进粉碎机粉碎成玉米糊。
3. 把玉米糊放进纱布口袋或者无纺布口袋里过滤，挤出汁水。
4. 挤出的玉米汁加热煮沸即可饮用（随个人喜好加糖）。

小贴士
如果不用粉碎机，也可以连玉米带水一起放进榨汁机里面榨成汁，就不需要做过滤的步骤了。

棉花蛋糕

材料
黄油 50 克，低筋面粉 80 克，牛奶 70 毫升，鸡蛋 5 个，糖 70 克，盐一丁点，柠檬汁几滴。

做法
1. 黄油用微波炉加热融化，筛入一半低筋面粉拌匀，然后加入牛奶和 5 个鸡蛋黄拌匀，再筛入剩下一半低筋面粉和一丁点盐，拌匀成蛋黄糊。
2. 5 个蛋白加几滴柠檬汁打发，打出粗泡后分三次放入糖，继续打发成干性发泡（蛋白霜不流动）。
3. 混合蛋黄糊和蛋白霜，拌匀。
4. 模子里面垫一层锡纸或油纸，放入蛋糕糊，在桌上震几下震出气泡。
5. 放进预热到 150 度的烤箱内，烤模下坐一盆热水，用隔水蒸烤法烤一个小时（表面上色后加盖锡纸防焦）。

早安宝贝

Day 66:

嘉年华汉堡＋
草莓奶昔＋薯条＋
橄榄油拌芝麻菜

嘉年华汉堡

材料（8个）

(1) 芝麻餐包材料：高筋面粉 250 克，糖 25 克，盐 2 克，干酵母 4 克，鸡蛋 1 个，水 120 毫升，黄油 20 克，白芝麻适量。

(2) 汉堡夹馅材料：猪肉末 200 克，荸荠四个，熟甜玉米两勺，生菜、番茄、牛油果、芝士片、烟熏三文鱼（每个汉堡一片），鸽子蛋（每个汉堡一个），蛋黄酱、生抽、老抽、黄酒、葱花、生粉、糖、盐适量。

做法

（一）芝麻餐包

1. 干酵母用温水泡 5 分钟。鸡蛋打散待用。

2. 把高筋面粉、糖、盐、鸡蛋液 30 克和酵母水一起放进面包机，启动和面程序搅拌 20 分钟。

3. 放入黄油，重新启动和面程序 20 分钟，把面团搅成可拉出薄膜状的面团。

4. 面团留在面包机内基础发酵 80 分钟。

5. 取出面团，把面团八等分，滚圆。

6. 在面团表面轻轻地刷上剩余的蛋液，撒上白芝麻，把面团稍稍按成扁圆状，放在烤盘上，放进烤箱（不加热）进行最后发酵 40 分钟。

7. 取出装有面团的烤盘，预热烤箱至 180 度，再把面

团放进烤箱中层，烤 20 分钟即可。（面包上色后须加盖锡纸防止表面焦黑）

（二）汉堡

1. 荸荠去皮切成末，放进猪肉末里面，加一小勺生抽、一小勺老抽、一小勺糖、一大勺黄酒、葱花少许搅匀至上劲。拌入煮熟的甜玉米粒。
2. 平底不粘锅内放两大勺油烧热，舀取一大勺肉馅，放进锅里，边煎边按扁，煎至两面金黄。一个肉饼煎完再煎下一个。
3. 鸽子蛋敲入油锅，煎至两面金黄，表面撒一丁点盐。
4. 生菜洗净沥干，番茄切成圆片，牛油果刨成薄片。
5. 面包从当中横切一刀，一分两半。依次在底层面包上码放生菜、蛋黄酱、番茄、鸽子蛋、肉饼、芝士片、蛋黄酱、牛油果片、烟熏三文鱼片，最后盖上面包片。

小贴士

　　猪肉饼做好以后可以放冰箱冷冻保存，需要时取出用微波炉加热或放进烤箱用 200 度烤 15 分钟即可。

草莓奶昔

材料

鲜牛奶一杯，草莓三个，蜂蜜一小勺。

做法

牛奶加热至温热，放入洗净的草莓，加蜂蜜，用食品料理机搅打成奶昔即可。

薯条

材料

市售冰冻薯条适量。

做法

无需解冻，直接放入油锅内煎至金黄色即可。

橄榄油拌芝麻菜

做法略

Day 67:
三色信号灯面 +
蟹粉狮子头炖娃娃菜

三色信号灯面

材料（8个）

青菜半斤，中筋面粉 150 克，鸡蛋两个，番茄两个，高汤一小碗，盐、糖、葱适量。

做法

（一）碧绿手擀面

1. 青菜用榨汁机榨成汁，中筋面粉加 68 克青菜汁和 1 克盐混合，揉成均匀的面团。如图①。

2. 把面团放入手动压面器里，转动手柄，压成粗圆面条。如图②。
3. 面条上撒一些干面粉防止黏连。如图③。（面团可提前一晚揉好盖保鲜膜静置，现烧现压。也可以压好分小包放冰箱冷冻储存。）

（二）番茄炒蛋浇头

1. 鸡蛋打散，番茄洗净切块。
2. 油锅烧热下鸡蛋划炒，蛋液凝固后用锅铲把鸡蛋分割成大块，盛起待用。
3. 锅里再加一勺油，烧热后放入番茄翻炒，放高汤，适量盐和糖调味，煮至番茄软烂时倒入鸡蛋再煮一会儿。

（三）煮面条

1. 滚水下入面条，用筷子拨散，煮滚后加一杯冷水，再次煮滚几分钟至面条当中无硬芯。
2. 捞起面条码放在面碗里，淋上番茄炒蛋浇头和汤汁，撒香葱即可。

蟹粉狮子头炖娃娃菜

材料（3碗）

蟹粉两大勺，猪肉糜两大勺，荸荠两个，娃娃菜一棵，姜、生抽、盐、黄酒、生粉适量。

做法

1. 猪肉糜加生抽一大勺、盐适量、黄酒一大勺、生粉一小勺搅拌至上劲。荸荠去皮切细。蟹粉切细。

2. 把肉馅、荸荠末、蟹粉混合在一起拌匀。
3. 勺子上蘸一点水，舀起一大勺馅料，放在手心把狮子头边转动边滚圆。

4. 做好的狮子头放进煮沸的滚水中烫约一分钟，表面变色后捞起。
5. 把娃娃菜码放在炖盅底部，撒一点盐，冲入沸水，放入狮子头，开水起蒸 20 分钟即可。

Day 68:

黄鱼汤小馄饨＋
桂圆红枣米发糕

黄鱼汤小馄饨

材料（3碗）

小馄饨 30 个，小黄鱼一斤，黄酒一大勺，姜两片，白胡椒粉、鲜辣粉、盐、香葱适量。

做法

1. 小馄饨包法：详见 Day 30。
2. 小黄鱼洗净沥干后抹一小勺盐腌制半小时。
3. 把小黄鱼放进热油锅中两面煎一下。
4. 锅里清水煮滚，放入煎好的小黄鱼，加黄酒、姜用中大火煮半小时至汤呈乳白色。
5. 捞出小黄鱼，仔细挑去鱼骨，留鱼肉待用。
6. 黄鱼汤加热煮沸，下入生的小馄饨煮 5 分钟，馄饨浮至表面、体积增大即可出锅。
7. 在馄饨汤上码放一些黄鱼肉，撒白胡椒粉、鲜辣粉和香葱即可。

桂圆红枣米发糕

材料（12个）

桂圆干一把，干红枣 10 颗，安琪米发糕预拌粉 300 克，糖 50 克，干酵母 2 克，水 330 毫升。

做法

1. 桂圆干用温水泡开，剪碎，干红枣剪碎去核。
2. 米发糕预拌粉加水和干酵母混合拌匀，盖上保鲜膜，在室温下静置一晚。
3. 在米糊中拌入糖和桂圆红枣碎，搅拌均匀后装入蛋糕模。
4. 用大火蒸 15 分钟即可。

小贴士

蛋糕纸模承受不了米糊的重量会导致坍塌，须在纸模外再垫一层硅胶蛋糕模或者铝制蛋挞模。

Day 69:

花边芝芯披萨 +
小土豆牛骨清汤 +
热巧克力

花边芝芯披萨

材料（14寸一个）

饼皮：高筋面粉 200 克，糖 10 克，盐 1 克，干酵母 2 克，
水 110 毫升，橄榄油 10 克。
馅料：番茄两个，洋葱四分之一个，熟甜玉米一大勺，
蘑菇两个，萨拉米香肠，黑橄榄，马苏里拉芝士一包，
盐，糖，胡椒碎适量。

做法

1. 饼皮制作：除橄榄油外的所有饼皮材料混合在一起，
放进面包机，搅拌 10 分钟后放入橄榄油，再继续搅拌
成光滑的面团。基础发酵 60 分钟后取出滚圆，盖保鲜

膜静置 15 分钟使面团松弛。

2．桌面撒些干面粉防粘，把面团擀成一个大的薄圆片。

3．把圆面片放进 14 寸烤盘中，剪去多余的边角料。

4．披萨酱制作：利用基础发酵面团的时间制作披萨酱。洋葱一半切小粒，一半切丝。平底不粘锅放一大勺油烧热，先煸香洋葱粒，再放入番茄块煸炒，加水一大勺，加盖焖煮几分钟使材料软烂。然后挑去番茄皮，用锅铲捣碎材料成糊状，加盐，糖和胡椒碎调味。

5．在饼皮边缘每隔 3 厘米宽剪一道长 3 厘米的口子，取一小撮马苏里拉芝士捏成团，包在剪出的方形面皮里，一个个包好成芝芯花边。用叉子在饼皮上戳出若干个小孔。

6．依次铺放披萨酱、马苏里拉芝士、洋葱、蘑菇、甜玉米粒、萨拉米香肠、黑橄榄，在最上层再撒一层芝士。烤箱预热 200 度，放在中层烤 15 分钟出炉。

小贴士

　　整形完成的披萨饼皮需要进行最后发酵 20 分钟，如果不做芝芯花边，则饼皮静置时间不够，须多等 20 分钟进行发酵。

小土豆牛骨清汤

材料

小土豆 4 个，牛脊骨（龙骨）一大块，姜两片，黄酒一大勺，香葱、盐适量。

做法

1．牛脊骨放入冷水锅，加姜片和黄酒，用大火煮沸 5 分钟后焯水洗净。然后放入一锅清水中炖两小时成雪白的浓汤。

2．小土豆去皮一切四，放入牛骨汤里炖至软熟，放盐调味。

3．出锅后撒葱花即可。

热巧克力

做法详见 Day48。

Day 70:
海鲜乌冬面 +
寿司卷

海鲜乌冬面

材料（1人份）

乌冬面1包，红蟹爪2个，虾丸2个，鱼蛋2个，花蛤2个，虾干2个，豆芽一小把，菠菜一小把，高汤一大碗，乌冬面调味汁100毫升，食用油一小勺。

做法

1. 乌冬面浸泡在温水里面，用筷子轻轻拨散后捞出沥干待用。
2. 菠菜和豆芽分别放进煮滚的水里烫20秒，捞出沥干待用。
3. 锅里放一小勺食用油，煸香虾干后倒入一大碗高汤煮沸。
4. 汤里放入鱼蛋、虾丸，煮沸后放入红蟹爪和花蛤煮沸，然后放入乌冬面和调味汁煮沸。
5. 最后放入菠菜和豆芽稍煮片刻（约10秒），立刻熄火，出锅装碗即可。

寿司卷

材料（12个）

(1)米饭：寿司米两杯，盐1克，糖5克，寿司醋10毫升，橄榄油一小勺。
(2)配料：寿司海苔两片，黄瓜，大根，三文鱼，烤鳗鱼，牛油果，飞鱼籽，鱼松，味岛香松适量。

做法

1. 寿司米煮熟后放盐、糖、寿司醋和橄榄油拌匀，冷却待用。
2. 在寿司帘上依次码放海苔、米饭、大根、黄瓜、鱼松、三文鱼，撒一些味岛香松。
3. 利用寿司帘把饭团卷起来，卷紧。
4. 锯齿刀上蘸一点水，切块。

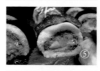

技高一筹

反转寿司做法

1. 在寿司帘上先铺一层保鲜膜，然后依次码放米饭，海苔，大根，黄瓜，鱼松，三文鱼，撒一些味岛香松，如图⑥。
2. 利用寿司帘把饭团卷起来，卷紧，如图⑦。
3. 除掉保鲜膜，在锯齿刀上蘸一点水切块。然后在上面码放牛油果片，烤鳗或者飞鱼籽，如图⑧。

Day 71:

三文鱼煎蛋卷 ＋
巧克力酱蛋糕卷

三文鱼煎蛋卷

材料（1 人份）

鸡蛋 2 个，烟熏三文鱼 2 片，青椒、红椒、洋葱适量，
黄油 5 克，盐一小撮，橄榄油，黑胡椒碎。配菜：芝麻菜，
生菜，小番茄。

做法

1. 青椒、红椒和洋葱切成小粒。三文鱼撕成碎片。鸡
蛋加一小撮盐打散打匀。

2. 小火加热黄油至融化，放入青红椒和洋葱粒煸炒约
30 秒，盛出待用。

3. 把炒好的蔬菜粒和三文鱼拌入打散的鸡蛋液中，撒一

些黑胡椒碎。

4. 平底不粘锅里倒入一大勺食用油，小火加热至锅上方有热气，倒入蛋液，轻轻晃动平底锅使蛋液受热均匀。

5. 蛋液即将凝结时趁热把鸡蛋卷起，继续加热 30 秒左右即可出锅装盘。

6. 在盘里码放一些芝麻菜、生菜和小番茄，淋上用橄榄油、胡椒碎和盐拌成的油汁即可。

巧克力酱蛋糕卷

材料（8个）

(1) 巧克力戚风蛋糕胚：鸡蛋 5 个，低筋面粉 80 克，可可粉 20 克，水 90 毫升，食用油 70 毫升，糖 90 克。
(2) 巧克力酱：牛奶巧克力 100 克，淡奶油 90 毫升，黄油 20 克，白兰地酒 10 克。

做法

（一）巧克力戚风蛋糕胚

1. 蛋黄 5 个，食用油，水混合，用手动蛋抽搅匀。

2. 筛入低筋面粉和可可粉，拌匀。

3. 蛋清 5 个里滴几滴柠檬汁，用电动打蛋器打出粗泡后分三次加入糖，边加边搅打，把蛋白霜打至不流动。

4. 把蛋黄糊和蛋白霜混合在一起拌匀。

5. 在长方形烤模中铺上锡纸，倒入蛋糕糊，震几下震出气泡。

6. 烤箱预热 160 度，放在中层烤 30 分钟后立刻取出晾凉待用。

（二）巧克力酱

1. 把牛奶巧克力、淡奶油、黄油和白兰地酒放在钢盆中。钢盆外面坐一锅热水。

2. 用小火加热水温升至八九十度（不要煮沸，否则巧克力容易沙化），关火。

3. 加热的同时用硅胶刮刀不断搅拌巧克力酱，使所有材料均匀地融化在一起呈丝滑状浓稠的巧克力浆，关火。

4. 巧克力酱冷却后放入冰箱冷冻半小时后转冷藏室待用。

（三）蛋糕卷卷法

1. 切去蛋糕胚四周的硬皮，抹上巧克力酱。

2. 利用擀面杖把蛋糕卷起来，用锡纸包住固定。

3. 蛋糕卷放进冰箱冷藏一小时后即可取出切片。

4. 用刨刀把牛奶巧克力刨成碎片，撒在蛋糕卷上做装饰。

早安宝贝

Day 72:

河海鲜粥 +
自制甜甜圈 +
芝麻拌菠菜

河海鲜粥

材料（3碗）

(1) 食材：河蟹两个，水发海参3根，虾仁6个，墨鱼仔4个，鲜带子3个，干贝6颗，虾干6个

(2) 调料：盐，白胡椒粉，黄酒，面粉，葱姜适量。

做法

1. 河蟹洗净，从中间一劈二，切面处蘸些面粉，放进油锅里煎一下。

2. 虾干和干贝放一小勺黄酒，两小勺水泡软。

3. 热油煸香泡软的虾干和干贝，放入煎好的河蟹，加一大锅清水，姜片两片，倒入泡虾干和干贝的汁水，用大火煮滚后改中火炖一个小时至汤汁浓白，蟹黄出油浮在表面。捞出汤里所有材料。

4. 大米洗净沥干，放进蟹汤里面浸泡一晚。

5. 虾仁和鲜带子用少许盐和生粉腌制半小时或过夜。

6. 在蟹汤里放入水发海参，墨鱼仔，用大火煮滚后改中火，把粥煮至黏稠（约25分钟），放入鲜带子和虾仁继续煮两分钟后熄火，撒些盐和白胡椒粉调味。

7. 食用前在粥上撒一把香葱和姜丝即可。

自制甜甜圈

材料（6 个）

（1）糯米粉 10 克，牛奶 40 毫升。
（2）高筋面粉 190 克，糖 30 克，盐 1 克，奶酪粉 4 克，奶粉 10 克，干酵母 3 克，淡奶油 20 毫升，水 50 毫升。
（3）黄油 10 克，糖粉 50 克。

做法

1. 糯米粉加牛奶拌匀，用小火加热，边加热边搅拌成厚面糊，放凉备用。
2. 材料（二）中所有材料混合拌匀，用面包机揉面程序搅拌 20 分钟。
3. 加入黄油，再次启动面包机揉面程序，揉成一个稍具延展性的面团。
4. 基础发酵 60 分钟。
5. 把面团擀成 1 厘米左右厚的面片，用模具刻出甜甜圈花型。
6. 面胚上撒一些干面粉防粘，盖保鲜膜进行最后发酵 30 分钟。
7. 小火烧热油锅（油温控制在丢入一小面团能立刻浮起为宜），把甜甜圈面胚放进油锅炸至两面金黄。
8. 晾凉后在表面撒上糖粉，或者挤上巧克力酱即可。

技高一筹

巧克力酱做法

　　淡奶油 30 克，黑巧克力 50 克，黄油 10 克放进小奶锅里，锅子外面坐一盆 80 度左右热水，慢慢搅拌巧克力酱成均匀的浆状，把巧克力酱装进一次性裱花袋备用。

芝麻拌菠菜

做法参照 Day7 中松子菠菜做法。

图书在版编目(CIP)数据

早安宝贝：缤纷早餐72变/陈蓉 编著.
--上海：学林出版社，2015.7
ISBN 978-7-5486-0844-8

Ⅰ.①早… Ⅱ.①陈… Ⅲ.①食谱 Ⅳ.①TS972.12

中国版本图书馆CIP数据核字(2015)第087143号

早安宝贝
——缤纷早餐72变

编　　著——陈　蓉
责任编辑——李晓梅
装帧设计——上海云何广告有限公司

出　　版——上海世纪出版股份有限公司 学林出版社
　　　　　　地址：上海市钦州南路81号　电话/传真：021-64515005
　　　　　　网址：www.xuelinpress.com

发　　行——上海世纪出版股份有限公司发行中心
　　　　　　地址：上海市福建中路193号　网址：www.ewen.co

印　　刷——上海市印刷七厂有限公司
开　　本——710×1020　 1/16
印　　张——9.75
字　　数——10万
版　　次——2015年7月第1版
印　　次——2016年1月第2次印刷
书　　号——ISBN 978-7-5486-0844-8/G.295
定　　价——68.00元

（如发生印刷、装订质量问题，读者可向工厂调换。）